世界上有多少隻貓？

超速估算出一切事物，
讓你看清大局的數字反應力

Maths on the
Back of an Envelope

Clever ways to (roughly)
calculate anything

Rob Eastaway

羅勃‧伊斯威—著　郭哲佑—譯

目　錄

前言 ————————————————————————

化繁為簡的數學腦

　　幾年前，我在一個學校活動中，向青少年觀眾徵詢一些估算問題，並試著當場回答。其中有個學生提出了一個直白的問題：「全世界有多少隻貓？」

　　貓這個主題總是很受歡迎，於是我接受了挑戰。

　　我的思路是這樣的：

　　　我們先假設大多數貓都是家貓。

　　　有些人不只養了一隻貓，但通常如果有貓的話，每戶家庭只會養**一隻**。

　　　在英國，並以我自己住的街區為例，似乎可以合理假設，每五戶家庭就會養一隻貓。

　　　此外，如果一個家庭平均有兩個人，那就表示每十個人就會有一隻貓。

　　　這樣一來，英國有七千萬人口，我們可以假設英國可能有大約七百萬隻貓。

　　目前為止都很順利。但全世界的貓有多少隻呢？在印度
或中國等國家，貓大概不太可能像在英國那樣受歡迎（我
無從得知，這純粹是我個人推測），所以，我猜全世界的
貓和人口的比例會比英國更低──可能是每二十人會有一
隻貓？

　　因此，以全球80億人口為基礎，表示可能有：

$$80 億 \div 20 = 4 億隻貓$$

這個數字看起來不會太離譜。

總之，我提出了這個估算。有一名觀眾舉起了手。

他說：「實際上是6億隻貓。」

「真的嗎？你怎麼知道？」

「我在網路上查到的。」

解決了，我們不用再思考其他答案。

　　但如果真的如此簡單，那我們就可以完全摒棄估算這回
事了。只需要在Google上點擊幾下，不管是什麼問題，你
應該都可以馬上找到答案。

除了一個關鍵的問題。

　　那就是：那個在網路上公布6億隻貓這個數據的人，**他**
是如何算出來的？我很確定沒人去環遊世界做過貓的普查。

6 億這個數字只是一個估計值。這個估算所使用的概念可能比我的稍微科學，並經過嚴格的調查和交叉檢查。但網路上的數字，似乎多半更類似於我前文描述的那種「信封背後的快速估算」[1]。或者，他們可能只是捏造了一個符合目的的數字。沒理由相信他們的數字會比我的更可信，事實上，它可能更不可信。

　　一旦這樣的統計數據出現在報紙上，被引用在網站上，它就變成了「事實」，因為不斷地被反覆引用，它的原始來源不僅不會受到質疑，甚至可能從此被遺忘。

　　這給了我們一個重要的提醒。無論在哪裡，大多數的統計數據都是估計值，並且使用快速估算。即使快速估算結果與實際結果天差地遠，那也不表示我們不該估算。相反地，這意味著那些公布的數字應該受到**更多審視**。

　　我們傾向於將數學視為一門「精確」的學科，只有對或錯的答案。確實，數學有很大一部分關乎精確性。

　　但在日常生活中，數字有時候不過是辯證的開端。如果我們習慣相信每個數字問題背後都有一個標準的「正確」答案，那麼我們會忽略一項事實──現實世界中的數字，比純

1　譯者注：Back-of-the-envelope calculation，直譯為「信封背面的計算」，用於描述一種準確度不如數學證明的估算方法。

數學中的數字模糊得多。

在本書的撰寫過程中，我意識到一種矛盾。一方面，我主張**估計的**數字通常比精確的數字更能提供資訊，也更可信；但與此同時，為了估計出這些答案，我們也必須知道如何進行**精確的**計算，例如使用基本乘法表。具體而精確的數學，是我們日常生活中所必須處理的模糊數字的基礎。

我將本書分成四個部分。

在第一部分，我會探討精確數字產生的誤導，以及為何我們不該完全依賴計算機。

第二部分包括必備的算術技巧和其他知識，如果你想進行快速估算，這些知識是必不可少的基礎。這部分也包含算術的複習，某些你可能自小學以來就不再練習的技巧，以及一些你可能從來沒有想過的捷徑。

本書的第三部分將示範如何用上述這些技巧來解決問題——從日常問題到影響力更大的問題，例如環境保護議題。最後一部分，還包括了一些所謂的費米問題：這種奇特且深奧的挑戰，是依靠極少量的事實數據算出合理的答案。

快速估算是一項重要而有價值的生活技能。但這並不是唯一的好處。有很多人沉迷於研究快速估算，是因為這種活動有趣又刺激，可以讓大腦保持靈活。

第 1 章

你以為的精確，
其實很危險

詳細得誇張的數字就像看似安全
的陷阱，帶你一步步邁向偏誤地
帶……

兩種思考：信封背面與計算機

　　我不知道「信封背面」這個概念是從何時開始流行的，很多人都用它來做一些粗略的計算。是在大家開始用「菸盒背面」的之前還是之後？或者跟美國人說的「餐巾紙背後」有關？

　　不管這種形式的創始者是誰，信封背面的計算[1]如今已象徵了任何能指引出正確答案的快速估算方法。

　　這種工具可以讓商業人士快速評估某項新計畫的可行性；可以讓工程師檢驗某項解決方案的效用；也可以讓電視上那些評論統計數字的人，理解政客、權威「專家」與行銷人員拋出的各種數字。

　　從更生活化的層面來看，這種數學可能是你每天都會用到的，讓你不會被某些根本不能稱之為優惠的優惠給欺騙。就算不用計算機，你也可以完成這種數學跟算術。

　　但等等，**不用計算機算數學？**對很多人來說，這個概念可能太陳舊，甚至是一種自虐。如果大多數人隨時隨地都有手機（含計算機功能）在手，我們為何還要手算或心算呢？

1　　作者注：你當然不需要真的拿張信封，任何廢紙都行。畢竟我撰寫本書時，信封已經從計算消費者物價指數（Retail Price Index）的必需品清單中移除了，這表示它不再是家庭必備用品。

這本書並不是在否定計算機的存在。計算機是不可缺少的工具，能讓我們在幾秒鐘之內完成過去需要耗費幾分鐘、幾小時，甚至幾天的事情。如果你需要準確知道31.40英鎊的96倍是多少，除非你是專家或是閒人，否則計算機就是你唯一明智的選擇。如果我在報稅，或者在出差之後計算花費，通常也會使用計算機或是電子化的表格。

　　但很多時候，我們並不需要知道準確的答案。近似值也很重要。快速估算的意義，在於幫助我們看見數字背後的全貌。

　　假如有個銷售團隊的目標是10,000英鎊，而報告顯示他們以31.40英鎊的單價賣出了96件商品，那大約是：

$$100 \times 30 \text{ 英鎊} = 3,000 \text{ 英鎊的營收}$$

　　雖然有幾個百分點的誤差，但能確定這跟10,000英鎊的目標相差甚遠。

　　當政府宣布要增加10億英鎊的醫療預算，這算是大事嗎？在英國有5,000萬人的情況下？當然，預算不可能剛好是10億英鎊，也不會平均分配給5,000萬人，但透過快速估算的方法我們可以得知，這表示平均每人的預算不會是200英鎊，而是20英鎊（幾乎等於沒有）。

　　當然，我們也可以用計算機來處理這些估算。但事實是，這些數字很少是這樣得來的。

　　「如果大家都有計算機，誰還需要計算？」這個問題通常會轉移焦點。因為在沒必要仔細計算的情況下，大多數人都會在腦中或信封背面進行快速估算，或根本不去算。

　　還有一些人利用自己的心算能力來取得優勢。我有個朋友在金融領域靠投機致富。我請他分享一些觀念，他說：「我跟人談判的時候，有兩條成功祕訣。首先，學會反著閱讀，這樣你就能破解對面的人的文件。而我的第二個祕訣就是：比對方更快完成計算。」

自我測驗

　　沒有計算機幫忙，你的算數程度如何？試試以下十個問題。不用給自己時間壓力，如果需要的話，你可以用紙跟鉛筆。在解決問題的時候，你可能會思考自己該如何做。你在回想自己學過的東西嗎？你有用紙跟筆嗎？

（a）17＋8
（b）62−13
（c）2,020−1,998
（d）9×4
（e）8×7
（f）40×30
（g）3.2×5
（h）120 的四分之一
（i）75% 如何用分數表示？
（j）94 的 10% 是多少？

翻到第 205 頁，看看其他人如何計算這些問題。

　　我還記得第一次有一台自己的計算機時，那種激動的心情。那是康懋達（Commodore）製造的，有紅色的 LED 數字顯示，以及會發出令人愉悅的咔噠聲的按鍵。它是我十六歲時的聖誕禮物，我為此著迷不已。只要隨便輸入像是

「123456」這種數字，然後按下平方根鍵，我就能看著小數點之後的數字並感覺到一種快感。我從來沒看過那麼精確的數字。

廉價計算機的出現帶來了兩個變化。

首先，我們可以進行以前從未設想過的計算。計算機賦予我們力量，並解放我們，讓我們有機會看到更廣闊的數學樣貌，而不是深陷計算細節的泥沼。[2]

第二個變化，是讓我們能引用包含了小數點後幾位的答案。83的平方根？沒問題，請等一下，你需要小數點後幾位？

這怎麼可能出錯呢？

假精確，騙過你的眼睛

有個人參觀了自然歷史博物館，並對霸王龍的骨頭印象非常深刻。

「這個化石有多少年了？」她問其中一個導覽員。

2　作者注：3×7×11×13×37會得到甚麼有趣的答案？如果沒有計算機，大概只有一些心算能力強、好奇心強、意志力佳，甚至無事可做的人才會費心找出答案。就算你口袋裡有個計算機，你可能也會想想算這個對你有什麼幫助。（算吧，你知道自己就是想算）

　　導覽員回答：「有6,900萬年又22天。」

　　遊客問：「太不可思議了，你怎麼能這麼準確地知道它的年紀？」

　　導覽員回答：「噢，因為當我開始在這間博物館工作時，它就已經有6,900萬年的歷史了。不過那是22天前的事情。」

　　在這個老笑話中，博物館導覽員欠缺思慮的精確正好說明了：如果整體的度量[3]結果只是一種粗略的估算，那把數字變複雜並沒有什麼意義。然而，在我們日常生活中需要呈現與解釋數字的時候，這卻是讓人一再重蹈覆轍的錯誤。

　　引用數字時太過精確，在英文中常稱「假準確」（spurious accuracy），但這個詞實際上應該叫「**假精確**」（spurious precision），而本書會多次提到這個概念。對於不動腦就過度使用計算機，這是最有力的反對論據之一。你當然**可以**透過按按鍵算出小數位數的答案，但這不表示你**非得**這樣做。

3　譯者注：本書中的 measurement 譯為「度量」，即給予物體或事件的某性質一個數字，使其能與某些相同的性質比較。

精度與準度

精度（precision）與準度（accuracy）這兩個字通常可以交替使用，表示估算或是數字的「正確」程度。一個數字當然可以既準確又精確，例如：74×23.2 = 1,716.8。

但在數學上，精度與準度代表著不同的東西。

準度，指的是你離正確答案有多近。假設我們在玩飛鏢，我把飛鏢擲到靶上，但沒有射中靶心。我的投擲是準的。但如果你擲中靶心，那你的投擲就比我更準。同樣道理，如果我猜購物籃裡的東西加起來是65英鎊，而你猜是70英鎊，結果帳單是69.43英鎊，那你就比我更準確。

另一方面，精度則意味著你對這個數字的詳細程度有多少信心，這樣你或其他人如果再做一次度量或計算，就可以得到相同的數字。假如你認為購物籃裡的東西加起來是69英鎊，表示你有信心誤差會在1英鎊以內；但如果你推測帳單是69.4英鎊，那就更精確了，而且你相信誤差會在10便士以內。[4]再更精確的話就是69.41英鎊。在數學術語中，精度指的是在一個數字中可以引用多少有效數字（significant figures），此為重要概念，參考第199頁。

在社會上，我們都非常相信精度。如果看到84.36這樣的數

4　譯者注：1英鎊等於100便士。

字，我們會相信給出這個數字的人對這個數字的信心到小數點後
第二位。我們甚至還會因為這些人能夠計算出如此精確的數字，
而給他們貼上「專家」的標籤。但那些提供「精確」數據的人經常
濫用我們的信賴，不經意或故意地顯露出一種不合理的信心。當
我們讀到兵工廠足球俱樂部（Arsenal）一場球賽的觀眾有59,723
人，就會被誤導，相信這個數字之所以這麼精準，是透過球迷通
過旋轉閘門而計算得來的。所以當我們發現現場的真實數字是接
近50,000人時，就會覺得自己被騙了。[5]

　　如果要用數字來解釋世界，那麼準度比精度更重要。畢竟，
不精確但準確的度量還是很有幫助的。反之，精確但不準確的度
量不但沒幫助，有時還很危險。

　　計算機無意中帶來的後果之一，在於它的顯示器會盡可能顯
示出小數位數——這會誘導我們進入一種不合常理的精度水準。

▌馬場馬術的分數奧祕

　　2012年的倫敦奧運上，全英國人都在慶祝，因為有位
金牌得主登上領獎台，而英國人向來很少在這個項目得到好

5　作者注：這種落差很常見，因為俱樂部給的人數通常是售出的門票數量，包括債券
　　票（debenture）與季票，而不是當天實際出席的人數。

成績。

夏洛特‧杜雅爾丹（Charlotte Dujardin）從馬童變成了頂尖的馬術運動員。她在馬場馬術的項目上，與她的馬「瓦萊格羅」（Valegro）為英國人摘下有史以來的首枚金牌。這相當令人欣喜。

裁判們給了杜雅爾丹極好的90.089%。

運動界常常說「只需要多10%努力」，但這次杜雅爾丹似乎不太一樣，她多努力了10.001%。是什麼讓她比那些得到90.088%的人更好呢？

為了讓讀者知道小數點後面三位的分數是怎麼來的，我必須解釋一下裁判是如何幫比賽打分。

倫敦奧運的馬場馬術比賽中，選手需要與他們的馬一同完成一系列動作，而這些動作將會由七位裁判評分，裁判就坐在賽場周圍，方便從不同角度觀看。裁判們會在21個項目中打分：其中有16項是評量特定動作完成度的「技術性」分數，另外5項則是「藝術性」分數，用於評量「節奏、力量與靈活度」以及「馬與騎手之間的協調」（沒錯）。每一項的滿分都是10分，允許給半分。其中有幾項的加權較重，而5項藝術性分數都會乘以4。整體而言，每位裁判可以給的分數為：

200 技術分數＋200 藝術分數＝400 總分

這表示每位選手都有 $7 \times 400 = 2,800$ 分可以爭取。

每位裁判都給不同的分數並不奇怪，因為在評量馬兒的表現時，有諸多的主觀因素。以某個技術性動作來說，一位裁判可能會給 8 分，另一位卻因為發現肩膀位置下垂，而認為是 7 分。在杜雅爾丹那次的成績中，裁判們的給分在 355 到 370 分不等，加總為 2,522.5 分，而滿分為 2,800 分。

以上就是百分比的由來。由於總分為 2,522.5，除以 2,800 之後會得到一個百分比：

$$2,522.5 \div 2,800 = 90.089\%\ ^{[6]}$$

嗯，但其實這不是最精確的數字。真正的答案是 90.089285714285714 …%。

這個數字永遠不會結束，285714 將無限重複。這就是將某數字除以 7 的倍數之後會得到的結果。所以杜雅爾丹的分數比需四捨五入，負責規劃計分系統的機構決定將分數四

6　作者注：杜雅爾丹在 2016 年里約奧運中，以極佳的 93.857% 的成績超越了倫敦奧運的成績，並再次奪得金牌。

捨五入到小數點後三位。

如果有個裁判少給了杜雅爾丹半分,那會怎麼樣?她的
得分會是:

$$2,522 \div 2,800 = 90.071\%$$

也就是說,90.089%這個實際分數的精度會誤導我們。
因為在90.089%和90.071%之間並不存在其他分數,杜雅爾
丹沒辦法多得0.001%,而會直接多得0.018%。所以其實分
數只需要計到小數點後兩位(即90.09%)就足夠了。

小數點之後取兩位,是為了保證兩位總分不同的選手,
最後不會得到相同的百分比分數。但這仍然會混淆我們對於
評分準確性的判斷。事實是,每位裁判對於相同表現的「評
量標準」都不同。在藝術性分數上,如果有半分的差異(加
權是4倍),總分就會差了0.072%。而裁判們給分的實際落
差往往比這更大——在「馬與騎手之間的協調」這個項目
上,有位裁判給了8分(滿分為10),另一位裁判卻給了9.5
分。

▊ 數字的可信度,取決於……

在某些情況下,需要引用到小數點後幾位,但對於馬場

馬術跟其他評分標準受主觀影響的運動而言，並不適用。

裁判使用這種評分系統，等於讓我們誤以為他們的評分精度，就像以公釐為單位來量測一個書架一樣精確。然而他們用來度量這個書架的工具，卻是一格刻度為 10 公分的尺。更糟的是，這就像每個裁判各自有幾把不同的尺一樣，即使是同樣的表現，在另一天也可能得到介於 89% 和 92% 之間的分數。這存在著很大的變異性——我們稍後會進一步討論。

觀察任何類型的統計測量，在在表明了一個重要原則。正如一條鏈條的堅固程度取決於它最弱的環節，一個統計數字的可信度也取決於它最不可靠的部分。前文提到一個有 6,900 萬年又 22 天歷史的恐龍骨架，數字由兩部分組成：一部分準確到最接近的百萬年，另一部分則準確到最接近的一天。可想而知，這 22 天是無關緊要的。

體溫有點低？
是假精確在作怪！

1871 年，一位名叫溫德利希（Carl Reinhold Wunderlich）的德國醫生發表了一篇開創性的研究報告，主題是人體體溫。他公布的主要發現是：人類的平均體溫是華氏 98.6 度，不過這個數字會

因人而異。

華氏98.6度這個數字已經成為準則,從那時起,無數父母以這個溫度為基準,來確認生病的孩子是否發燒。

但其實溫德利希並沒有公布華氏98.6度這個數字。他使用的是攝氏溫度,公布的數字是37度,而且是經過四捨五入的。他解釋說,根據個體狀況和測量溫度的部位(腋下或者……呃,某一個洞),可能會有0.5度的誤差。

而98.6這個數字,則是來自將溫德利希的報告翻譯成英文的過程。當時,英國常用的溫標是華氏溫標,要將攝氏37度轉換為華氏,你需要乘以9、除以5,然後加上32;即攝氏37度等於華氏98.6度。英文譯本傳播得比德文原版更為廣泛,並將華氏98.6度作為人類體溫標準。嚴格來說,這種換算是正確的,但小數點卻造成了一些誤導。如果溫德利希將溫度記為攝氏37.0度,那麼華氏98.6度就會是合理的,但溫德利希故意不將這個概略數字加上小數——對於這個在健康個體之間,會有約攝氏1度誤差的數字,華氏98.6度過去是(現在也是)一種假精確。無論如何,有一項2015年的研究使用了更精確的現代溫度計,發現我們這些年來都搞錯了,其實人類的平均體溫是華氏98.2度,而不是98.6度。

反映真實的粗略資訊

在 2017 年 5 月的大選中，倫敦肯辛頓選區（Kensington）出現了令人震驚的結果。現任議員是保守黨，上次選舉的得票狀況很好。但週五一早，有消息指出結果太接近，將重新計票。幾個小時後，又宣布需要**第二次**重新計票。情況依然無法解決，選務人員只能休息幾個小時，隔天回來繼續進行**第三次**重新計票。

最終，選舉監察官確認了選舉結果：工黨的科德（Emma Dent Coad）擊敗了保守黨的博維克（Victoria Borwick）。

不過差距非常小。科德僅以 20 票之差勝選，她得到 16,333 票，而博維克得到 16,313 票。

你可能會認為，假如有個連個位數都可以相信的數字，那必定是經過數算而得出的數字。

然而事實是，就算是計票這種基本的事情也容易出錯。計票員可能不小心拿起兩張黏在一起的選票。他們很累的時候也可能犯錯，數成「28，29，40，41⋯⋯」，又或者，他們可能會覺得選票上有太多標記，而喊出廢票——但其他計票員可能會接受。

根據過往經驗，一些選務官員估計人工計票的誤差會在約 1/5,000（或 0.02%）的範圍內，所以在像肯辛頓這種選

舉中，每次計票的結果可能會有多達 10 票的差異。[7]

　　每次重新計票的結果通常會略有不同，但依然無法保證哪一次計票的數字才是正確的——假如真有一個正確數字的話。（在以激烈聞名的 2000 年美國大選中，佛羅里達州的選舉結果最終取決於一項裁決，即未完全打孔、有紙片殘留的投票卡是否屬於有效票。）

　　一般來說，如果計票時的錯誤不足以影響結果，那就不會啟動重新計票。所以結果越接近，就越有可能重新計票。英國大選曾經發生過兩次重新計票七次的事件，兩次都是在 1960 年代，最終的差距皆少於 10 票。

　　這一切都表明，在宣布像科德這樣的候選人的得票數時，實際上應該用更模糊的表達方式：「極可能在 16,328 到 16,338 票之間」（或者簡寫為 16,333 ± 5）。

　　如果連實體選票數量這種相對容易確定的數字都無法相信，那麼我們怎麼可能準確計算出其他更難捉摸的事物呢？

　　在 2018 年，美國的兩個卡羅萊納州被佛羅倫斯颶風襲擊，這場巨大風暴使某些地方的雨量高達 50 英寸。在一片混亂中，有大量的房屋都停電了好幾天。9 月 18 日，CNN

7　作者注：負責計票工作的選務經理洛恩斯（Susan Loynes）表示，肯辛頓的各次重新計票結果差異不超過 5 票，完全取決於計票人員對無效票的判斷。若考量到這些細節，可以想見保守黨要求第三次重新計票不過是在抓著救命稻草。

的新聞如下：

> 　　根據美國能源資訊管理局的數據，週一上午停電的用戶
> 數量為 511,000 人。其中，北卡羅萊納州有 486,000 人，南
> 卡羅萊納州有 15,000 人，維吉尼亞州有 15,000 人。不過在
> 週一晚間，北卡羅萊納州的停電用戶已經降為 342,884 人。

　　在這則簡短的報導中，大部分篇幅所引用的數字單位
是千。但突然我們在最後看到，無電可用的人數已經下降到
342,884。就算這個數字是真的，也僅限於整理出的當下幾
秒，因為停電用戶的數量是不斷變化的。

　　就連週一上午北卡羅萊納州的數字 486,000 也有點可
疑，這個數字包含了三個有效數字；而另外兩個州則是
15,000──這看起來像是以 5,000 為單位，經四捨五入得出
的。如果把這些數字加總，就能發現：15,000 ＋ 15,000 ＋
486,000 ＝ 516,000。比新聞開頭的總數 511,000 高出 5,000。

　　在引用這些資料時其實有選擇的空間。他們可以給出一
個範圍（「大約在 300,000 到 350,000 之間」），或者直接將數
字四捨五入，只留下一個有效數字，再加上「大約」這個限
定詞（「大約是 500,000」）。這可以清楚說明，這些並不是確
定的數字，無法經由重新計算來還原。

事實上，有時候甚至連說「大約」也沒辦法。

英國國家統計局（The Office for National Statistics）每個月都會公布最新的英國失業數據。這當然有新聞價值。失業率的波動是經濟狀態的一個良好指標，與每個人息息相關。2018年9月，統計局公布英國失業人數比上月下降55,000人，降至1,360,000人。

問題在於這個數據並不是很可靠，國家統計局對此也有自知之明。他們在公布2018年的失業數據時，還補充了一個細節，就是他們有95%的信心，這個數據的誤差值會**在69,000以內**。換句話說，失業人數減少了「正55,000或負69,000」，表示實際上可能減少了多達124,000人，也可能**增加了14,000人**。假如事實是失業人數增加，那新聞風向會完全不同。

如果誤差幅度已經大於你所引用的數字，那根本沒有理由繼續引用，更別提引用超過一個有效數字了。最好的說法是：「上個月的失業人數可能有下降，人數可能落在大約50,000人。」

一個約整過、不太精確的數字，往往會比一個精確的數字更能反映真實狀況。以上就是一個好例子。

敏感度：影響數字的微小因素

我們已經了解，統計數據應該要顯示出誤差範圍的大小。

而在進行預測和預報時，理解誤差範圍則更為重要。

新聞中引用的許多數字都是預測，像是明年的房價、明天的降雨量、財政大臣對經濟增長的預測、往後的火車旅客人數……這些數字都是由某人將數據輸入電子表格（或更先進的東西）並用數學方式表現出來，這通常被稱為未來的數學模型（mathematical model of the future）。

所有這種模型，都會有「輸入」（如價格、客戶數量）與你想要預測的「輸出」（如利潤）。

但有時候，一個輸入變量的微小變化可能會對最終輸出的數字產生驚人的巨大影響。

價格和利潤的關係，就是一個很棒的例子。

想像一下，假設去年你在市集上開了三個小時的臉部彩繪攤位。租用攤位花了50英鎊，但材料成本幾乎為零。畫一張臉開價5英鎊，可以在15分鐘內完成一張臉，所以你在3小時內畫了12張臉，並賺到：

60 英鎊收入－50 英鎊成本＝10 英鎊利潤

去年有非常多人在排隊，你無法滿足需求，於是今年你把收費從5英鎊提高到6英鎊。調漲了20%。今年的收入是6×12＝72英鎊，你的利潤是：

72 英鎊收入－50 英鎊成本＝22 英鎊利潤

所以，價格調漲20%表示你的利潤會增加一倍多。換句話說，利潤對價格非常敏感。價格的小幅度增長，會導致利潤的大幅度增長。

上述例子很簡單，但這告訴我們，某個東西增加10%並不代表其他東西也隨之增加10%。[8]

病毒擴散有多快？

在某些情況下，其中一個「輸入」值的微小變化，會隨著時間推移而有巨大增長。

以水痘為例。這是一種令人不適的疾病，但只要你年輕時有得過，就不太會有危險。除非接種過疫苗，否則大多數兒童會在某個時期得到水痘，因為水痘的傳染力很強。在

8　作者注：有些市場對價格**極度敏感**。我有個朋友在一家大型石油零售商（加油站）工作，他說他們公司的汽油定價如果是每升132.9便士，而競爭對手是每升132.8便士，那麼這不到0.1%的價格落差可能會讓他們失去至少5%的客戶。

傳染階段，一個感染水痘的孩子通常會傳染給其他 10 個孩子，而這些新感染的孩子可能會再傳染給另外 10 個孩子，這表示會有 100 個病例。如果這 100 個被感染的孩子又各自傳染給 10 個孩子，那只需要幾週，原始的感染者就會傳染給 1,000 個孩子。

在早期階段，感染以「指數」傳播。雖然可以用一些複雜的數學來建立模型，但為了方便說明，我們先假設在早期階段，水痘只在每週結束時以 10 個感染為一批各自進行傳播。換句話說：

$$N = 10^T$$

其中 N 是感染人數，T 是感染週期（週）。

$$一週後：N = 10^1 = 10$$
$$兩週後：N = 10^2 = 100$$
$$三週後：N = 10^3 = 1,000$$
$$以此類推……$$

如果我們把感染率提高 20% 到 N = 12 會如何？現在每個受感染的孩子會再傳染給 12 個人，而非 10 個人（如果學

校每班的人數更多,或者接觸更多玩伴,就很可能會如此。)

　　一週後,受感染的兒童人數從 10 人增加到 12 人,僅增加了 20%。但三週後,N = 12³ = 1728,接近 N = 10 時的兩倍。隨著時間推移,數字的差距還會繼續增長。

▋ 難倒專家的蝴蝶效應

　　有時候,你輸入到模型的數據,與預測結果的關係並不那麼明確。在許多情況下,涉及的因素彼此相互聯繫,而且非常複雜。

　　氣候變化可能是這類情況中最重要的。世界各地的科學家都在試圖模擬氣溫上升對海平面、氣候、作物收成與動物數量的影響。目前較無爭議的共識,是全球氣溫呈上升趨勢(除非人類行為改變),但數學模型產生的可能結果範圍很廣,這取決於你如何設定前提。雖然地球整體變暖,但有些國家的冬天也可能變得更冷。收成可能增加,也可能減少。總體影響可能相對無害,也可能是災難性的。我們可以猜測,也可以下判斷,但我們無法確定。

　　科幻小說家布萊伯利(Raymond Bradbury)在 1952 年寫了一篇短篇小說《雷聲》(a Sound of Thunder)。在小說中,有個時間旅人穿越回恐龍時代,不小心殺死了一隻小蝴蝶。這看似無害的事件產生了一系列連鎖反應,最終改變了他們將回

去的現代世界。小說發表後幾十年，數學家羅倫茲（Edward Lorenz）似乎引用此故事，創造了「蝴蝶效應」一詞，用於描述事件開始時的微小變化，可能會對後續發展有不可預測的潛在巨大影響。

這些蝴蝶效應無處不在，使得我們幾乎不可能對任何一種氣候變化（包括政治氛圍和經濟景氣）有可靠的長期預測。

瘋狂的牛和瘋狂的預報

在1995年，威爾特郡的19歲青年邱吉爾，成為第一個死於新型庫賈氏病（vCJD）的人。這種可怕的疾病會使大腦迅速退化，與牛腦海綿狀病變有關，俗稱「狂牛病」，因食用受汙染的牛肉而引起。

接下來的幾個月，有越來越多的新型庫賈氏病患者，而衛生科學家開始預測這種流行病的規模會有多大。他們估計至少會有100名受害者。但他們也預測死亡人數最糟可能多達500,000——這個數字非常可怕。[9]

將近25年過去，我們現在可以知道預測者當時是如何算出這個數字的了。好消息是，他們的預測正確——受害者人數確實在100

9　作者注：歐洲聯盟科學指導委員會（European Union Scientific Steering Committee）在1996年預測的最壞情況是五十萬人。

到 500,000 之間。但因為原本的範圍非常大，預測正確根本不足為奇。

　　資料顯示，死於新型庫賈氏病的實際人數約為 250 人，接近預測的最低值，比預測的最高值低了約 2,000 倍。

　　不過，為何預測的範圍如此之大？原因在於，當科學家剛發現這種疾病時，他們可以合理地猜測有多少人可能吃了受汙染的漢堡，卻不知道有多少人容易受到受損蛋白質（俗稱普恩蛋白〔prions〕）的影響，也不知道潛伏期有多長。最糟糕的情況是，這種疾病最後影響到所有接觸者——但當時無法察覺疾病的全貌，因為第一個症狀可能在 10 年後才顯現。事實證明，多數人就算體內帶有普恩蛋白，還是有抵抗力。

　　這個研究案例相當有趣，說明統計預測的準確性取決於其輸入資訊最弱的部分。你或許可以精確地知道某些細節（例如患有狂牛病的牛隻數量），但如果感染率可能在 0.01% 到 100% 之間，那麼預測時就算以 10,000 為單位，結果也不會更準確。

　　據我所知，各方在試圖預測受害者數量時，沒有人使用超過一個有效數字，例如「370,000」——這當然代表著某種程度的準確性，但數據卻完全無法支持。

眼前的數字有意義嗎？

快速估算所能給你的其中一項重要技能，就是讓你了解「這個數字是否有意義」。在這種情況下，快速估算與計算機可以同時和諧運作──計算機負責運算出數字，而快速估算則可以用來檢查該數字是否合乎邏輯，不會因為手滑、按錯而有奇怪的結果。

我們總是被數字淹沒：財務計算、報價和統計數據尤其會影響我們的看法或決策。我們會對這些數字信以為真，甚至很多時候我們不得不這麼做，畢竟只有記者用數字說話時，政客才會停止繼續發表關於「關閉醫院」的言論。但假如有更多的記者願意深入研究這些數字，我會很樂見。[10]

統計數據的虛假本質，通常只在事件發生後才顯現。

保守黨在 2010 年是在野黨，他們想炒作當時執政黨工黨政府的政策所造成的社會不平等。

他們在《工黨的兩個國家》(*Labour's Two Nations*) 這份報告中聲稱，在英國最貧困的地區，「54% 的女孩可能在 18 歲前懷孕」。或許這個數字之所以能發表，是因為保守黨的政

10　譯者注：英格蘭地區自 2010 年來，有許多重要醫院面臨預算削減、降級或關閉，並因此引發了許多抗議行動。

客希望這是真的——假如住宅區有一半女孩真的在高中畢業之前就懷孕，那確實就像他們所描述的那樣，是「英國內城區令人震驚的社會崩潰」。

事實遠遠沒有那麼戲劇化。是有人寫錯了小數點。報告引用的其他數據是正確的：在最貧困的10個地區，每1,000名15至17歲的女性中有54.32人懷孕。1,000當中的54是5.4%，不是54%。也許是54.32這個假精確的數字混淆了報告的作者。

對於可疑的數字，需要多一層思考。自1990年以來，全國性態度調查（National Survey of Sexual Attitudes）每10年公布一次，當中概述了整個英國的性行為情形。

大家很常關注其中一項統計數據：男性和女性一生平均擁有的性伴侶數量。

前三份報告的數字如下：

一生中異性伴侶的平均數量（16至44歲）

	男性	女性
1990至1991年	8.6	3.7
1999至2001年	12.6	6.5
2010至2012年	11.7	7.7

這些數據看似揭露了真相：人們在90年代性伴侶數量

激增，而在 21 世紀初，男性的性伴侶數量略有下降，女性卻有所增加。

但這些數字有點奇怪。理論上當兩個異性發生性行為時，男性和女性的性伴侶「總數」都會加 1 才對。有些人或許比其他人更濫交，但從整體人口數來看，不容置疑的是，女性的男性性伴侶總數會等於男性的女性性伴侶總數。換句話說，兩者的平均值應該相等。

關於這項差異，有幾種方法可以解釋。例如，這個調查可能不夠有代表性——可能有一大群參與調查的男性，與一小群沒參與調查的女性發生關係。

但還有一個更可能的解釋，就是有人說謊。研究人員取得這些統計資料，靠的是大眾的誠實與記憶力，卻沒有辦法檢驗這些數字是否正確。

情況似乎是這樣：不是男性誇大了自己的經驗，就是女性低估了自己的經驗。可能兩者都是。又或者，男性比女性更記得自己的經驗。但無論原因是什麼，這個在我們眼前看似真實的數字，經過仔細審查之後，是不合理的。

關於數字，不需要知道這麼多

我希望開頭的章節已經讓你知道，為什麼許多情況所引

用的數字中，有一個或兩個以上的有效數字會造成誤導，甚至會讓我們產生一種確定性的錯覺。為什麼？因為如果數字有一定的精度，就表示它會是準確的；換句話說，它會很接近「真實」答案。計算機和電子表格減少了計算這個行為的痛苦，卻也造成了一種錯覺，即任何數值問題的答案都可以引用到小數點後幾位。

當然，在某些情況下，知道三個以上的有效數字是很重要的，例如：

- 在財務帳本與報表上。如果一家公司的利潤是 2,407,884 英鎊，那麼對某些人來說，最後的 884 英鎊很重要。
- 在試圖檢測細微變化時。天文學家想知道遙遠的物體是否在軌道上運行，可能會在第 10 個（甚至更多）有效數字中找到有用的資訊。
- 同上，在物理學的高端領域，與原子相關的物理量至少有 10 個有效數字。
- 像是 GPS 中採用的精確測量數據，必須確定你的汽車或目的地位置。這樣一來，五個有效數字的差異，可能會讓你把車在朋友家外面停好，或把車開進池塘。

　　然而，看看那些新聞中引用的數字（可能出現在政府公告、體育報導或商業預測中），你會發現在某些情況下，不論知道四個或更多有效數字，意義都是差不多的。

　　如果我們處理的數字裡頭沒有太多有效數字，我們需要做的計算就會更簡單。事實上，真的非常簡單，簡單到可以在信封背面完成絕大部分計算。假如透過練習，我們還能在腦中算出來。

第二章 —————————————

快速估算的利器

用對方法，
讓四則運算再進化，
解決問題犀利又強大！

估算的基本

在大多數的快速估算中，所謂的工具其實很基本。

第一個重要工具，是將數字四捨五入為一個或多個有效數字的能力。

接下來的三個工具則需要精確的答案：

• 基本算術（以加減法心算、適當背出十十乘法表為基礎）。

• 處理百分比和分數的能力。

• 使用 10 的冪（10、100、1,000，以此類推）進行計算，並從中得知「數量級」。換句話說，知道答案是幾百、幾千還是幾百萬。

最後，掌握一些關鍵的數字事實是很方便的，像是距離和人口，可以透過多種常見的運算來快速得出。

這一章會提供一些技巧，幫助你之後進行快速估算——其中會包括一種你可能沒有聽過的技巧（我稱之為 Zequals）以及使用方式。

算術家與數學家

我們稍後將進行一個快速的熱身，你可以看看自己是否具備成為**算術家**的天分。

算術家不是一個現代人常聽到的詞。

但在過去幾個世紀，這是一個為人熟知的術語。莎士比亞的《奧賽羅》（Othello）中有這樣一句話：「當然，一位偉大的算術家，麥可‧卡西奧（Michael Cassio），一個佛羅倫斯人。」這句話是劇中反派伊阿古說的，他很生氣，因為有個叫卡西奧的人不把他當中尉。莎士比亞筆下的算術家卡西奧的名字與英國電子計算機的領先品牌卡西歐（Casio）只差一個字母，是有趣的巧合。

伊阿古嘲笑的是，卡西奧或許很懂數字，卻對現實世界沒有實際理解。（將數學家視為脫離現實的抽象思考者，這種刻板印象一直延續到今天。）

儘管英國的都鐸時期（Tudor times）跟現代一樣，經常將「數學家」和「算術家」這兩個詞交替使用，但莎士比亞並沒有在他的戲劇中使用過前者——這惹惱了許多數學家。

那麼，數學和算術有什麼區別？

如果你問數學家這個問題，他們會給很多種答案，像是「可以用邏輯證明何者為真」和「找出模式和關聯」。但他們

絕對不會說到「背出乘法表」或「算帳」。

另一個詞「算術」，則完全是關於計算。有個例子可以讓你理解：

> 隨便找個整數（例如789）。現在把這個數字乘以二，再加一。藉由邏輯，數學家絕對會咬定答案是奇數，就算他們算不出「789乘以2加1」也成立。[1]
>
> 至於算數家，他們不需要計算機就可以快速而熟練地算出（789×2）＋1＝1,579。

最強的算術家可以做更難的計算。他們能很快在腦中算出4/7是多少百分比；能算出43×29的確切答案；並且可以快速計算出在一場板球單日賽中，英格蘭隊如果需要在31輪比賽中得到171分，那麼每次比賽都至少要得5.5分。

我母親從17歲就出社會，她跟那一代多數的人一樣，算術能力很強。這幾乎無可避免，因為她去學校幾乎每天都在筆記本上寫一頁又一頁的算術練習。但她對代數、幾何或形式證明（formal proof）所知甚少，正如許多頂尖數學家對算術一竅不通。

1　作者注：為求平衡補充一句，大部分數學家應該都算得出來。

　　然而，算術和數學之間的交集甚廣。算術中有許多技巧和捷徑，都通向深奧的數學思想。我們在畢業之前學習的大部分數學都需要算術，甚至可能只需要基本的乘法和加法。算術和數學都建立在邏輯思維的基礎上，都需要發揮看出模式和關聯的能力（和樂趣）。

　　不過，雖然到處都會用到算術，但16歲之後就很少有人繼續學習了。少有例外，16歲以上的大考可以用計算機，所以大多數人的算術技能在考過中等教育普通證書（GCSE）後就浪費掉了。

　　我有個朋友經營一家工程公司，不久前，他與一些將畢業於工程相關科系的學生談論他正在研究的一個設計問題。他說：「現在有條管道，截面積為4.2平方公尺。水以每秒2公尺的速度流過，那麼每秒流過管道的水量是多少？」換句話說，他在問 4.2×2 等於多少。他認為這些聰明、有算術能力的學生馬上就會說出「是8.4」或「大概是8」（他只需要粗略的答案）。讓他沮喪的是，學生們全都拿出了計算機。

　　計算機讓我們不用再處理困難的算術。當然，如果你想成為一個強大的算術家，能好好運用快速估算並不是必須，但確實會有幫助。

自我測驗

　　你能快速估算以下 10 個問題的答案嗎？估算的誤差在正確答案的 5% 以內，那就算是不錯的估算家了。如果你能用心算找出大部分的正確答案，就可以自稱是算術專家了。

（a）有一頓飯 7.23 英鎊。你付了現金 10 英鎊，會找回多少零錢？

（b）聖雄甘地生於 1869 年 10 月，死於 1948 年 1 月。他最後那次生日的時候幾歲了？

（c）有個報刊亭賣出了 800 條巧克力棒，每根售價 70 便士。營收是多少？

（d）凱特的薪水是 28,000 英鎊。公司給她加薪 3%。她的新薪水是多少？

（e）你開了 144 英里，用了 4.5 加侖的汽油。每加侖汽油可以跑多少英里？

（f）三個顧客拿到了 86.40 英鎊的餐廳帳單。每個人平分是多少錢？

（g）25 的 16% 是多少？

（h）在最高分為 70 分的考試中，你得到 38 分。最接近的百分比是多少？

（i）678×9 是多少？

（j）810,005 的平方根是多少（最接近的整數）？

答案在 208 頁。

四則運算再進化

▎加減法

　　紙上算數的經典方法（written methods）是從右列（通常是個位數）開始算到左列。但如果是進行快速計算（快速估算的一部分）的話，從左邊開始算會比較有效果。

　　以 349 ＋ 257 這則加法為例。

　　你們可能學過從右邊的個位數列開始算。第一步是：

$$\begin{array}{r} 3\ 4\ 9 \\ +\ 2\ 5_1\ 7 \\ \hline 6 \end{array}$$ 　　9 ＋ 7 ＝ 16，寫下 6，然後把 1「進位」。[2]

　　你可以繼續接著往左邊算：

$$\begin{array}{r} 3\ 4\ 9 \\ +\ 2_1\ 5_1\ 7 \\ \hline 6\ 0\ 6 \end{array}$$ 　　4 ＋ 5 ＋ 1 ＝ 10，寫下 0，然後把 1「進位」；最後算出 3 ＋ 2 ＋ 1 ＝ 6。

　　然而，從最有效的位數（即左邊的數字）開始計算通常更有幫助。

　　所以計算 349 ＋ 257 從 300 ＋ 200 ＝ 500 開始，然後加上

2　作者注：進位的「1」表示 10。寫這個小 1 的位置，取決於你的學校與當時標準的做法。

$40＋50＝90$，最後加上$7＋9＝16$。從左邊開始算的好處是，你在一開始就可以對答案有個合理的估算（「至少會超過500，然後……」）。

　　類似概念也適用於減法。從右邊開始，$742-258$會需要「借」（你學到的詞可能不一樣）。我的小孩在學校學到以下方法：

$$\begin{array}{r} {}^6\!\!\not7\ {}^3\!\!\not{14}\ 12 \\ -\ \ 2\ \ 5\ \ 8 \\ \hline 4\ \ 8\ \ 4 \end{array}$$

因為2沒辦法減8，所以跟左邊借10，$12-8＝4$。3沒辦法減5，跟左邊借10，$13-5＝8$。最後6減2等於4。

　　但如果從左邊開始，你可以理解成$700-200$（$＝500$），然後$40-50$（所以要從500減10），如果你想要確切答案，計算個位數列的$2-8$（再減6）。

▌乘法和乘法技巧

　　大家或許會使用計算機，但孩子們在小學仍然被要求學習乘法表，就像一百年前一樣。

　　在英國，小學生要背起所有12以下的乘法。在某些國家（如印度），乘法表背到20並不罕見，這能讓一些孩子，背下像是$13×17$的答案。

　　如果是要快速估算，通常知道十十乘法表就夠了。

　　你的乘法表可能有點生疏了。我猜你會拿起這本書，應該可以心算出3×4，但有很多大人對於稍難的乘法都缺乏實際練習。大家都知道最容易出錯的是7×8，但有一項分析探討了超過一百萬次的線上計算結果，指出9×3才是錯誤率最高的。[3]

　　以下有一些很方便的技巧，有助於心算乘法。這些方法可以用於乘法表，但對於更大數字的乘法也很方便。

技巧1

　　乘法的順序對結果沒有影響。例如，3×5等於5×3。其中的原理，你可以想成是在計算盤子裡的雞蛋。

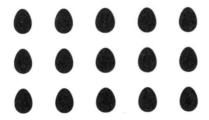

3　作者注：數學教育家蘭迪（Bruno Reddy）創辦的「搖滾明星乘法表網站」（*The Times Tables Rockstars*）記錄了學生們練習乘法表時的表現。他們的資料庫有超過10億筆資料，大多數尚未分析。

　　上面的盤中有多少顆雞蛋？是 5 顆 3 行，還是 3 顆 5 列？不管怎樣都是 15 顆。這個道理的強大之處在於，你可以把任何乘法都當成在數盤子裡的雞蛋 —— 表示你可以確定 7,431×278 等於 278×7,431，就算你不知道答案也一樣。

　　這個概念不只適用兩個數字的相乘，在 5×13×2 與 2×5×13 也適用。把相乘數字的順序重新排列，通常可以讓計算更簡單。以上述為例，由於 2×5 = 10，我們可以將 5×13×2 轉為 10×13 = 130。

技巧 2

　　乘以 3，等於某數先翻倍之後，再加一次自己。所以，3×12 就是 2×12（24）再加 12。

技巧 3

　　乘以 4，等於某數翻倍之後再翻倍。如果是乘以 8，就是翻倍三次。

技巧 4

　　乘以 9，你可以直接先把某數乘以 10，然後減去自己。例如，9×8 就是 10×8（= 80）減 8（= 72）。同樣道理，9×68 就是 10×68（680）減 68（= 612）。

技巧 5

　　乘以 5，就是把某數減半，再乘以 10。例如，468×5 這題看起來很難，但這其實跟 468÷2（= 234）×10（= 2,340）一樣，後面的算式相比之下簡單很多。你當然也可以替換順序，先乘以 10 再除以 2，例如 43×5 就等於 430÷2 = 215。

自我測驗

　　試著心算出以下算式的答案（前文提到的技巧應該有幫助，你也可以用自己的方法）：

（a）3×26
（b）35×9
（c）4×171
（d）5×462
（e）1,414÷5

答案在第 210 頁。

▌與乘法相反的除法

　　除法有很多種方式，但有一種把它直接當作「乘的相反」的方法——那就是把乘法表倒著做。如果要算出 72 除

以 8，你可以在腦袋想想乘法表上的哪個數字，乘以 8 會等於 72（答案 9）。大部分的除式會有餘數，但概念一樣。如果是 74÷8 呢？8 最接近 74 的倍數是 9×8 = 72，所以答案是 9，餘數 2。這也是熟悉乘法表會有幫助的另一項原因。

　　要除更大的數可以使用短除法，這只是重複使用乘法表來計算。要算出 596 除以 4，學校教的寫法是這樣：

$$\begin{array}{r} 1\ 4\ 9 \\ 4\ \overline{)\ 5\ ^{1}9\ ^{3}6} \end{array}$$

5 除以 4 得一，餘數為 1（在右上方寫小字 1；1 退到右列得 19），19 除以 4 得 4，餘數 3，最後 36 除以 4 剛好為 9。

　　你或許會想知道，這本談估算的書會如何使用這種精確的方法。關鍵在於，沒必要算到底——你算到任何一列，都可以把答案四捨五入。例如，我們可以在第二次除法後停下，並得出答案 150（四捨五入到兩個有效數字）。短除法也是計算百分比時很有用的工具，我們會在第 57 頁說明。

差一點，差很多：小數和分數

▌數位與小數點

對一些人來說，處理小於1的數字會變得更困難。

千位	百位	十位	個位		十分位	百分位	千分位
6	*7*	*1*	*5*	**.**	*4*	*3*	*8*

小數點的右邊數字和左邊數字，運算方式都一樣。小數點後的第一位數字是「十分位數」，下一位是「百分位數」，然後是「千分位數」，以此類推。

以數字0.528為例。其中十分位是5，百分位是2，若想換個方法表示，也可以說是52.8個百分之一。另一種寫法是 $52.8 \div 100$，也就是「百分之」52.8。接下來會有更多關於百分率的說明。

在日常生活中，我們都可能碰到要把分數轉換為小數（或百分率）的情況。報紙上可能會這樣寫：「有4分之1的人曾被盜竊，有8%的人曾遭到闖空門。」也就是 $25\% + 8\% = 33\%$，大約是三分之一。

對許多分數而言，以小數表示會比較令人熟悉：

1/2與 0.5兩者相同

1/4等於 0.25

1/3等於 0.33

那麼7分之2（2÷7）呢？

要將分數轉化為小數，其中一種方法是短除法——方法跟計算200÷7完全相同，但因為這個數字小於1，所以要插入小數點：

$$0.2857...$$

$$7 \,\big|\, 2.{}^{2}0{}^{6}0{}^{4}0{}^{5}0$$

作為小數，7分之2的開頭是 0.2857……你可以四捨五入到 0.286，或 0.29等，端看你想精確到何種程度。

攸關生死的小數點？

有個體重20公斤的孩子感染了，需要用抗生素阿莫西林進行一個療程。方法是每12小時給予每公斤體重25毫克的阿莫西林。藥物是每5毫升含250毫克抗生素的懸浮劑。這個患病的孩子應該

要施用多少劑量（毫升）？[4]

　　這聽起來像是中等教育普通證書（GCSE）大考的一道地獄數學題，但其實對於家庭醫生或在病房工作的護理師來說，這個問題很常見。請試著找出答案，然後想像一下：當你寫下這個劑量時，如果把小數點放錯位置，後果可能會危及生命。

　　當然，計算機可能有幫助，但你必須先知道哪些數字要除以哪些數字——而且要小心，別讓「胖手指」按錯數字，或者多按了一個零。

　　有時候，一般科醫師和醫療人員也會在這類計算中犯錯，這並不奇怪。有一位醫生告訴我（我保證不透露姓名）他的經驗：有一次他給病人開了一種藥，幾天後卻發現病情稍微惡化了。他想知道為什麼藥物沒用，於是檢查了一下，發現給予的劑量錯了10倍。幸運的是，是少了10倍。

▌當分數相乘

　　需要把分數相乘的情況並不常見。到目前為止，我最常在計算兩個事件發生的機率時使用它。（例如，在打撲克牌時，翻出一張皇后，而下一張又是皇后的機率是多少？）

4　作者注：這個案例中，正確的劑量應該是每12小時10毫升。

　　兩個分數相乘有個簡單的規則，就是將上面的兩個數
（分子）相乘得到新的分子，然後將下面的兩個數（分母）
相乘得到新的分母。

　　例如：

$$\frac{2}{3} \times \frac{5}{13} = \frac{10}{39}$$

　　如果分數的上面與下面有任何一個「因數」（即可以被
整除的數字），就可以簡化計算。例如以下分數相乘……

$$\frac{6}{7} \times \frac{4}{15}$$

　　……看起來可能有點困難。但上面的 6 和下面的 15 都
能被 3 整除，所以可以化簡成：

$$\frac{6^{\,2}}{7} \times \frac{4}{15^{\,5}} = \frac{8}{35}$$

　　那麼 8/35 是多少？因為 8÷32 是 1/4，所以 8÷35 會比
1/4 小一點。

自我測驗

（a）$\frac{1}{3} \times \frac{1}{2}$

（b）$\frac{2}{5} \times \frac{1}{4}$

（c）$\frac{3}{4} \times \frac{1}{5} \times \frac{2}{3}$

（d）$\frac{6}{7} \times \frac{14}{23}$ 比 $\frac{1}{2}$ 大或小？

（e）計算 $\frac{51}{52} \times \frac{50}{51}$

答案請見第 211 頁。

▌百分比

　　記住「百分之⋯⋯」表示「除以 100」；而「某數**的** X%」這句話裡的「的」，不妨直接當作「乘以」——換句話說，40的 30% 就等於「30 先除以 100，再乘以 40」。

　　這表示，在任何像是「算出 B 的 A%」的計算中（例如「算出 40 的 30%」），答案就是 A 乘以 B 除以 100。

40 的 30% ？

$$30 \times 40 = 1,200 \rightarrow 除以\ 100 \rightarrow 12$$

$$80\ 的\ 9\%\ ?$$
$$9 \times 80 = 720 \rightarrow 除以\ 100 \rightarrow 7.2$$

下面是一些計算百分比的建議：

技巧1

算出某數的10%很容易，所以可以以此為基礎。例如，320的5%是多少？320的10%（十分之一）等於32，所以5%是一半，也就是16。

技巧2

如果10%沒辦法讓你快速得到答案，那就試試用1%來做乘法。例如，80的3%是多少？因為80的百分之一是0.8，所以3%是三倍，也就是$3 \times 0.8 = 2.4$。

技巧3

在類似於「某數的百分比」的計算中，你可以改變數字的順序，就跟計算乘法的時候一樣。25的16%等於16的25%。16的25%和16的四分之一相同。換句話說，25的

16% ＝ 4。

技巧4

　　如果你擅長使用短除法（見第50頁），就可以熟練地快速心算出有兩個有效數字的百分比——以一般會碰到的情況而言，這個精度應該夠用了。[5]

　　舉例來說，假如你在總分80分的測驗裡得到了57分，那你得到了多少百分比的分數？可以這樣處理：

$$57 \div 80 = 5.7 \div 8$$

再用短除法來計算：

$$\begin{array}{r} 0.7\,1\,2\ldots \\ 8\,\overline{\big)\,5.7^{1}0^{2}0} \end{array}$$

　　可以得出0.712，若取兩位有效數字就是71%（或者四捨五入就是70%）。

5　作者注：大多數新聞報導的百分比，都引用了兩個有效數字。就算引用了三個，兩個有效數字通常也夠了。例如，有篇報導提到44.8%的回收率，但如果它提到的是45%，對可信度會有任何影響嗎？

自我測驗

（a）一件襯衫標價為 28 英鎊，但商店現在有「標價的 25%」折扣。新價格是多少？

（b）算出 80 的 15%。

（c）50 的 14% 是多少？

（d）估算 68 分之 49，並以百分比表示。

（e）266÷600，以百分比表示並引用兩個有效數字。

（f）凱特的薪水是 25,000 英鎊，她最近升遷並加薪 8.4%。她的新薪水是多少？

答案請參考第 212 頁。

增值稅的快速計算法則

　　把增值稅從商品價格中扣掉的百分比計算，總是讓人措手不及。[6] 在撰寫本書時，英國的增值稅為 20%。如果廣告上的價格是 30 英鎊＋稅，要知道總價，就算出 30 英鎊的 20%（＝6 英鎊）並將兩者相加，得到 36 英鎊。或者也可以直接把原價乘以 1.20 來計算：

6　譯者注：增值稅（VAT）是英國的消費稅，多數商品與服務都有徵收，且納入商品價格中。

30 英鎊（不含稅）╳ 1.20 = 36 英鎊（含稅）。

所以，如果某件東西的價格含稅是36英鎊，扣除稅的時候可以直接扣掉20%嗎？不可以！36英鎊的20%是7.20英鎊，這表示不含稅的價格是：

36 英鎊（含稅）— 7.20 英鎊 = 28.80 英鎊。

這是錯的！前面已經知道，這個含稅價格扣掉稅之後是30英鎊。為什麼會這樣？

要算出不含稅的價格，你需要把加稅時的算法反過來。要加稅，你要乘以1.2，所以要扣稅，你就要除以1.2：

36 英鎊（含稅）÷ 1.2 = 30 英鎊（不含稅）。

順帶一提，除以1.2等於乘以5/6。算出不含增值稅（20%）的定價的快速方法，就是把含稅的價格先除以6。若某件商品的價格是66英鎊（含稅），那麼所含的稅就是66英鎊÷6＝11英鎊。不含稅的定價是5╳11英鎊＝55英鎊。（但在90年代增值稅為17.5%，那時就沒有這麼簡單了！）

別小看數字裡的零

▍乘法

　　知道 7×8 是一回事，但如果是 70×80 或 7,000×800 呢？許多快速估算的題目會到數百、數千甚至更大，能輕鬆處理這些數字的能力非常重要。

　　你可以不用計算機算出 700×80 嗎？在計算 700×80 這樣的整數時，我會使用的心算算法是分別處理前導數字和零。首先將 7×8（= 56）相乘，然後將兩個數字後面的 0 加起來（共有三個），然後把零放在最後。所以答案是 56,000。

　　我讓數百名英國青少年計算 700×80 這個題目，但我通常會把這當作是金錢問題：「有個報攤以 80 便士的價格賣出了 700 條巧克力棒。這家店的總營收是多少？」

　　絕大多數青少年經過幾年的小學訓練，都知道 7×8 = 56，這很讓人欣慰。但許多人糾結的是答案裡該放幾個零，以及小數點該放在哪裡。在回答巧克力棒的問題時，有部分的青少年會回答 56 英鎊、5.60 英鎊、5,600 英鎊或 56,000 英鎊。

　　如果青少年（包括通過普通中等教育證書數學考試的

人）的答案有問題，那我們可以肯定地假設，有很多成年人也會有一樣的問題。

　　順帶一提，這個題目用估算也能幫上忙：80便士接近1英鎊，而700×1＝700英鎊，所以正確答案會略低於700英鎊，當然也不會是56英鎊或5,600英鎊。

自我測驗

（a）400×90

（b）300×700

（c）80,000×1,100

（d）布里斯托爾老維克劇院（Bristol Old Vic）需要徹底整修。為了籌集資金，他們發行了50張「銀票」，每張售價50,000英鎊，購買者可以永久觀看劇院的每一場演出。如果全數賣完，他們距離2,500萬英鎊的最終目標還有多遠？

答案請參考第212頁。

　　小數的乘法可能更困難。如果其中一個數字有零，而另一個是小數，你可以將前者的零「交換」到後者，讓計算更簡單。也就是將其中一個數乘以10，再把另一個數除以

10，持續進行下去，直到兩個相乘的數字至少有一個變得好處理。

例如：

$8,000 \times 0.02$
$= 800 \times 0.2$
$= 80 \times 2$
$= 160$

或者：

$0.2 \times 0.4 = 2 \times 0.04 = 0.08$

▌除法

除法最簡單的方法，就是消去等式兩邊的零（即一直除以 10），直到你的除數只剩下個位數。舉例來說：

$12,000 \div 40$ 會變成 $1,200 \div 4 = 300$

此外：

$88,000 \div 300$ 會變成 $880 \div 3 =$ 略小於 300

如果是要除以小數，那可以把除數與被除數都乘以 10，直到除數不再是小數。例如：

$0.006 \div 0.02$
$= 0.06 \div 0.2$
$= 0.6 \div 2$
$= 0.3$

自我測驗

（a）$1,000 \div 20$
（b）$6,300 \div 90$
（c）$160,000,000 \div 80$
（d）$2,200 \times 0.03$
（e）$0.05 \div 0.001$

答案請參考第 213 頁。

▌使用「科學記號」來表示大數

　　科學家們都知道自己測量的量,要不是很大,就是很小。他們使用這些數字做計算時,更喜歡使用科學記號。這表示要把數字表示為個位數並加上10的冪。例如,400用科學記號表示是 4×10^2。

　　接著,可以在10的冪進行加法(處理乘法)或減法(處理除法)。

　　例如:

$90,000 \times 40$
$= 9 \times 10^4 \times 4 \times 10^1$
$= 36 \times 10^5$ (或 3,600,000)

還有:

$700,000 \div 200$
$= 7 \times 10^5 \div 2 \times 10^2$
$= 3.5 \times 10^3$

自我測驗

（a）4×10^7 表示的數字是多少？
（b）1,270 用科學記號表示是什麼？
（c）60 億用科學記號表示是什麼？
（d）$(2 \times 10^8) \times (1.2 \times 10^3)$
（e）$(4 \times 10^7) \div (8 \times 10^2)$
（f）$(7 \times 10^4) \div (2 \times 10^{-3})$

答案在 213 頁。

星際大戰的力量

有一個「科學記號」的笑話，是關於 80 年代中期美國雷根總統（Ronald Reagan）的戰略防禦計畫（SDI）。我覺得還滿有可能是真的。

這個計畫被暱稱為「星際大戰」，目的是要開發可以遠程摧毀敵人核導彈的雷射武器。雷射武器會需要大量的能量，他們投入了數百萬美元，來深入研究計畫的可行性。

在研究過程中，政府一度要求實驗室向官員們報告。

「開發這些武器，需要多大的能量？」有位官員問道。

「我們需要 10^{12} 瓦，先生。」

「你們現在能到多少了？」

「先生，大約是10^6瓦。」

這位政府官員說：「好，很好，所以我們差不多完成一半了。」

如果你還沒發現哪裡有問題，請參考：10^{12}的「一半」其實是5×10^{11}，官方的數據差了500,000倍。

從MEGAS到TERAS

10的冪都有正式的名稱，我們在能源與電腦運算力的討論中會很常碰到這些字首的詞。以下是這些字首的由來。

國際單位的英文字首（SI Prefix Origin）

10^3 （1,000）	Thousand （千）	Kilo	源自 *chilioi*，意為「千」，西元1799年由法國人引入。
10^6 （1,000,000）	Million （百萬）	Mega	源自 *megas*，意思是大或高的。在維多利亞時代晚期首次作為詞頭。
10^9	Billion （十億）	Giga	來自 *gigas*，意思是巨人。1960年正式採用。
10^{12}	Trillion （兆）	Tera	源自 *teras*，意思是「怪物」。「Tera」很接近希臘語的 *tetra*（四），巧的是這也是第四個字首。

10^{15}	Quadrillion（一千兆）	Peta	第5個字首在70年代被使用，是個合成詞，是對希臘數字 penta 的致敬，但省略了一個輔音，模仿 tera 的模式。
10^{18}	Quintillion（一百京）	Exa	與 peta 同時被使用，是把 hexa 的 h 去掉。
10^{21}	Sextillion（十垓）	Zetta	目前這兩個字首並不常用。不過，隨著電腦運算力的增長，我們會更常碰到它們。
10^{24}	Septillion（一秭）	Yotta	

有利估算的事實

為了做好快速估算，知道一些基本的統計數據，是不錯的基礎，有助於從中構建估算。這裡有一些重要的：

世界人口	介於70到80億
英國人口	接近7,000萬
倫敦到愛丁堡的距離（直線）	330英里
赤道周長	大約24,000英里
一般通勤者的步行速度	每小時3-4英里（略低於2公尺/秒）
跑得最快的人類速度	略高於10公尺/秒（約20英里/小時）

英超重要比賽的觀賽人數	通常是 60,000 人
普通客機的飛行速度	500-600 英里／小時
一般公寓的天花板高度	2.5 公尺／8 英尺
一般家庭轎車的油耗	40 英里／加侖
每公升水的重量	1 公斤（沒錯！）
一輛四人座家用轎車的重量	略高於 1 噸，低於 1.5 噸

自我測驗

使用上面的關鍵事實為基礎，就能開始估算其他的數字。試試以下的題目：

（a）倫敦到紐西蘭的奧克蘭有多遠？
（b）倫敦到紐約有多遠？
（c）墨西哥首都墨西哥城有多少人？
（d）一棟 20 層的辦公樓有多高？
（e）一個健康的成年人走 10 英里需要多久？
（f）英國有多少兒童上小學？
（g）英國每年有多少人結婚？
（h）大西洋的面積是多少？

答案請參考第 213 頁。

Zequals：估算的祕訣

假如本章所介紹的工具你已經可以大致掌握，那表示你現在就算不拿出計算機，也可以進行大範圍的快速估算了。

不過，最好再加上最後一個工具：Zequals。

快速估算的祕訣之一，在於盡可能地簡化你的計算。當然還有許多估算方法，但Zequals是其中最果斷的，目的就是最大幅度減少你對計算機的需求。我將之命名為Zequals，因為有嚴謹的規則，我也為此發明了一個符號。

Zequals的核心思想是：進行任何計算前，把數字四捨五入成一個有效數字，藉此簡化你處理的所有數字。換句話說，就是把數字四捨五入到最接近的單位，或者最接近的十、百或千——每次都這樣做，沒有例外。

Zequals的符號是 ⌇⌇⌇。以下是一些關於Zequals轉換的實際例子。注意，在所有情況下，你處理的數字都會四捨五入，最後只保留一位不是零的數：

6.3 ⌇⌇⌇ 6

35 ⌇⌇⌇ 40　　（如果個位數是5，那麼Zequals轉換會進行四捨五入）

23.4 ⌇⌇⌇ 20

870 ⩳ 900

1,547,812.3 ⩳ 2,000,000（兩百萬）

個位數和只有一位非零數字的數字，因為已經有一位有效數字，所以會維持不變。也因此：

7 ⩳ 7

0.08 ⩳ 0.08

9,000 ⩳ 9,000

為什麼是Zequals？因為Z代表0，而這個方法使用了很多0。這個拉鍊般的符號看起來有點像鋸子，這形容很合適，畢竟這個方法就好比果斷地鋸掉數字的末端。那麼，Zequals為何有用呢？它可以讓複雜的計算變得容易處理，你甚至可以用心算，透過本書會發現，這個方法通常會將你的答案引導到正確的範圍。

用四捨五入來估算並不是什麼新鮮事，但如果你用了Zequals，就必須遵守規則。而且由於這是粗略的計算，你也應該把答案Zequals。所以：

4×8 = 32，但由於 32 ⩳ 30，所以 4×8 ⩳ 30

≈：具體的新捷徑

符號≈的意思是「約等於」，但不同尋常的是，這個符號在使用上並沒有硬性規定。例如：7.3 ≈ 7.2。但7.3 ≈ 7.0和7.3 ≈ 10也成立。

你所選擇的近似值是7.2、7.0、10或者其他數字，都取決於你在當下對近似值最恰當的判斷。

與這種方式不同，Zequals有非常具體的規則。每次都一樣，毫無例外，7.3≈7，因為這種運算的意思是「把左邊的數字四捨五入成一位有效數字」。

自我測驗

以下數字用 Zequals 運算之後會是什麼？

（a）83 ≈
（b）751 ≈
（c）0.46 ≈
（d）2,947 ≈
（e）1 ≈
（f）9,477,777 ≈

答案請參考第216頁。

▌Zequals 的實際演練

如果現在有人問你，一年有幾個小時？只要大概的數字就好。一年有 365 天，一天有 24 小時，所以是 365×24。你用心算很難算出來。但用 Zequals 的話，這個計算就會變得很容易：365×24〜400×20 = 8,000。把這個數字跟正確答案 8,760 做比較，其實只有約 10% 的誤差。這樣的落差範圍對於大多數的情況來說，都是堪用的。

使用 Zequals 的話，難倒許多學生的長除法，就會變得相對簡單。

5,611 除以 31 等於多少？

經過 Zequals，就等於 6,000 除以 30，也就是 200。同樣地，這跟正確答案（181）相差不遠。即使你因為需要更精確的答案而使用計算機，Zequals 也依然有用。因為如果按計算機之後，得出答案是 18.1，那透過 Zequals 的估算答案，你就知道計算機算錯了（很可能是因為你不小心按錯了某個鍵）。

自我測驗

使用 Zequals 來算出以下題目（或許你會想知道你的答案跟正確答案差了多少，是過高還是過低）：

(a) $7.3 + 2.8$ 〰

(b) $332 - 142$ 〰

(c) 6.6×3.3 〰

(d) 47×1.9 〰

(e) $98 \div 5.3$ 〰

(f) $17.3 \div 4.1$ 〰

答案請參考第 217 頁。

▌Zequals 的誤差

我必須要強調，Zequals 的設計並不是為了讓你得出完全正確的答案。事實上，它有時候會讓你離正確答案很遠，尤其 Zequal 的規則是：當第二位數是 5 的時候，必須向上四捨五入。

它到底有多不準確呢？

以 $35.1 + 85.2$ 為例。四捨五入到最接近的整數，你會得到 120 這個答案，幾乎是完全正確。但根據 Zequals 的規

則，這條算式會變成 40 ＋ 90 ＝ 130，幾乎高了 10%。還有差更多的情況，例如 130 〰 100，就幾乎低了 20%。

在乘法中，可能還會造成更多誤差。

$$35 \times 65 = 2,275$$

但根據 Zequals：35 × 65 〰 40 × 70 ＝ 2,800，2,800 〰 3,000。這高出了 30% 以上。這到底有沒有關係？取決於你想要的準度。

自我測驗

（a）將 1 到 100 之間任兩個數字相乘。若用 Zequals 計算，能算出最大高估值的數字是多少？

（b）同上題，能算出最大低估值的數字又是多少？

答案請參考第 217 頁。

正如你在前面的「自我測驗」所發現的：假如你運氣不太好，Zequals 會讓你正在處理的計算，得出正確答案的兩倍或一半 —— 而且算式中的數字越多，你誤差的範圍就越

大。

　　針對這一點，有經驗的估算者可能會想用其他更準確的方法。如果要將兩個數字都四捨五入到十位數，有個常見的方法，是把其中一個數字向下取整來作為補償。所以，在估算 35×65 時，與其將兩個數字四捨五入為 40×70，不如將其中一個數字向下取整為 30×70 更準確。如果你想要用更準確的方式估算（而且不想用計算機），那這個方法就很合理。

　　但不要忘了我們的目標。我們尋找的是在正確範圍內的答案。通常「正確範圍」指的是「正確的數量級」（order of magnitude），也就是小數點的位置是否正確。而 Zequals 正是你所需要的。它有個非常大的優點，就是把所有計算都簡化了。只要稍加練習，你就能在腦子中快速地算出來。

　　此外，還有個可能更重要的一點，儘管聽起來或許有點矛盾。

　　Zequals 的目的，是讓每一次計算都變得十分簡單，所以幾乎任何人都可以做。不過，如果要知道什麼時候適合用 Zequals，或是想要解釋某個結果，就需要一定程度的智慧以及對數字的合理掌握。你越擅長算術，就會越擅長使用 Zequals。

超級大富翁

　　在2001年9月的《超級大富翁》（*Who Wants to be a Millionaire?*）名人特別版，知名主持人強納森·羅斯（Jonathan Ross）和他的妻子珍（Jane）挑戰到了第十題。獎金累積至16,000英鎊，但他們的求救已經用光了。

　　「肥皂劇《加冕街》（*Coronation Street*）在2001年3月11日播的是第幾集？」只要答對這個問題，他們就能賺到3.2萬英鎊。

　　（a）1,000

　　（b）5,000

　　（c）10,000

　　（d）15,000

　　他們的對話如下：

　　強納森：「一年有50個星期。一星期兩集。每年會有100集。」
　　珍：「一年不是50個星期。」
　　強納森：「一年是52個星期。我是抓個大概，四捨五入好讓觀眾跟上。一年大概104集。然後大約拍了40年。所以是……反正很多。還是應該選c（10,000）？」

珍：「那個數字會很大……。」

強納森：「是 b 或 c，我已經刪除 d 了。我們準備用別人的 15,000 英鎊……來賭 c（10,000）。」

主持人塔倫特（Chris Tarrant）：「你們本來是 16,000 英鎊……但剛剛損失了 15,000 英鎊。」

強納森一開始就用快速估算找對了方向。他直覺認為《加冕街》「大約拍了 40 年」是正確的。為了簡單起見，他聰明地將一年的週數調到 50 週，即每年會拍 100 集，而 100×40 ＝ 4,000。這本來可以給這對夫婦指出正確答案，即 b（5,000）。不過，用更精確的 52 週（每年製作 104 集）來計算讓他們分心了，結果他們根本沒有做最後的計算。這是 Zequals 絕對值得我們使用的一個例子。

第三章————————————

日常估算，
讓你搶得先機

生活中充滿了數字。
掌握其中的運作模式，
能讓你比別人早一步提出解方。

跟錢有關的，馬虎不得

▌購物帳單和電子表格

　　快速估算最常見的用法之一，就是計算帳單。當你正在規劃預算，準備進行一次大型的採買，如果能透過心算知道購物籃裡的東西大致會花多少錢，等你到了收銀台，就不會碰到討人厭的驚喜。也有一些時候，當你在帳單或電子表格[1]上看到一整排數字，接著看到加總金額，你會馬上感覺「這數字有問題」。在這兩種情況下，快速估算出範圍的能力都會很有幫助。

　　加快估算帳單的一個簡單方法，就是不計便士，只算英鎊。得出的數字是低估的值——即所謂的**下界**。你可以再算一次，但這次把便士都直接進位到英鎊，得到**上界**。

　　真實的加總數字會介於兩者之間，這時選擇兩者的中間值會是合理的猜測。

　　下界　　　*32英鎊*

　　上界　　　*40英鎊*

1　作者注：電子表格是一種常常潛藏著錯誤的雷區。最常見的一種狀況，是進行「加總」公式時卻設定錯欄位範圍，結果漏了最上面或下面的數字。

估計　　36英鎊

再快一點的算法，可以把英鎊先加總，接著每樣東西都多計入50便士。假如英鎊加總是32英鎊，一共有10樣東西，這樣一來：

32英鎊 ＋ 10×50便士 ＝ 37英鎊

不過有個地方沒有考慮到，就是有一些產品（像是書籍）的價格往往是99便士結尾（例如：2.99英鎊或9.99英鎊）——現在更常見的是以95便士結尾。這種手段是零售商的招數，讓我們以為這個售價比實際便宜。同樣的東西，只要貴一便士（例如：3英鎊或10英鎊），就會讓消費者感覺貴了許多，因為我們對前面的數位比後面的更敏感。

如果不用考慮那些超市商品的奇怪價格，我們不如用四捨五入取最接近的英鎊，或用Zequals來大大簡化事情。

自我測驗

鮑柏的電子表格,可以讓他密切注意零件在全國各地的銷售狀況。以下是紐卡索(Newcastle)的銷售狀況:

	銷售額
	190.10 英鎊
	120.46 英鎊
	8.22 英鎊
	396.63 英鎊
	130.50 英鎊
	41.55 英鎊
加總	697.36 英鎊

你認為最下面的加總是對的嗎?

答案請見第 218 頁。

那家店怎麼還沒倒?

我住在倫敦,幾年前有一家新的廚具店開張了,就位在大街的精華地段。近年來,這裡的租金漲得驚人,聽說那種規模的店家,通常年租金會落在 25,000 英鎊。這讓我不禁想知道,他們靠哪種商業模式生存。

如果租金是每年 25,000 英鎊，那麼等於每週花費：25,000 英鎊 ÷ 50 = 500 英鎊，或等於平日每天約 100 英鎊。所以，光是為了付租金，這家店每天需要賺取 100 英鎊的利潤。如果商店產品的定價，設定為成本加成 100%，那表示每天需要 200 英鎊的營業額來付租金（大約相當於七口高檔的平底鍋）。這還不包括營業費用、固定開銷和保險費。綜上所述，這家店的老闆們在付自己和其他員工的工資之前，可能平均每天都要先付至少 400 英鎊。然而，每當我經過，店內卻總是空無一人。我很納悶：「他們是怎麼經營下去的？」

我的疑惑在不久之後得到了解答。因為他們倒閉了。

▌錢滾錢，怎麼滾？

在處理金錢問題時，百分比幾乎是無處不在。我在第 58 頁談過折扣和增值稅，不過在貸款和儲蓄的問題上，百分比顯得更重要——當你在計算抵押貸款的利息，或是 ISA 免稅儲蓄帳戶的利息時，這些數字可能會比購物帳單上的更讓你眼花撩亂。

幸運的是，數學的計算都一樣（3,000 英鎊、存款利息為 5%，表示你每年會賺 150 英鎊）。複雜的部分是複利：如果你貸款或儲蓄超過一年，就會開始支付或賺取利息。

如果你在 10% 利率的帳戶裡存了 10,000 英鎊（真棒！），

一年後就會有11,000英鎊。但在第二年結束時，你的存款不會變成12,000英鎊，因為你已經不是用10,000英鎊算利息，而是11,000英鎊。所以兩年後，你的存款會是：10,000英鎊 ×1.1×1.1 = 12,100英鎊。這個額外的100英鎊，聽起來似乎不多，但當你存入的時間越長、利率越高，這個差額就越顯著。（反面來說，債務用複利計算也會有可怕的增長。）

當利率較低時（比如2.5%），有一個簡單的規則，可以算出最靠近正確答案的長期存款數字。如果存款利率為 2.5%、為期四年，那麼四年後你獲得的利息會非常接近 4×2.5% = 10%（作為比較，正確數字是10.38%）。利率越小，答案就會越準。

如果你不需要精確的答案，這個小數的法則可以讓你的計算十分輕鬆，因為你只會需要做百分比的加減，而用不到乘除。

例如，如果你存款在某一年會增加3.3%，隔年增加 3.1%，後年增加2.7%，用這種方式計算的總增長將是3.3 + 3.1 + 2.7 = 9.1%（你還可以用Zequals進一步簡化：3% + 3% + 3% = 9%），離正確答案不遠。

這用於計算短期是沒問題的。但如果是長期，還有另一種妙招：72法則。

複利的訣竅：把錢翻倍的72法則

如果銀行給你4%的複利，你的錢需要多久才可以翻倍？

這個計算聽起來很複雜，但我們可以用一個看似簡單的規則解決。一般稱之為72法則。

無論增長率是1.2%、4%、10%，還是30%，直接用利率除72就可以求出翻倍所需的時間。

假如年利率是4%，你在銀行的存款會在72÷4＝18年之後增多一倍。

這條使用72來運算的經驗法則，簡直方便得令人難以置信。（你可能也這樣覺得）因為72這個數字，可以被2、3、4和6整除，而這幾個數字都是很常見的利率。

嚴格來說，這應該是69.3法則才對。這個數字可以用代數處理指數增長來算出（詳見第200頁）。可是，如果要用某數字除69.3，你最後只會搞得灰頭土臉。不管是誰最先想出了這個規則，他一定很快就發現，只有把數字調整成72，使用者才可能進行快速估算——甚至是心算。所以才會是72法則。[2]

計算數字變成兩倍需要多久很實用，但有時你可能想計算不同

2　作者注：72法則也適用於計算其他的增長，如人口。假設世界人口以每年1.2%的速度增長，那麼72÷1.2＝60，所以地球上的人口在60年後將是現在的兩倍。

的倍率。如果要把你的存款翻三倍,或者翻十倍呢?事實證明,不
管你選擇什麼目標,都有適用的經驗法則。依據不同的狀況,可以
使用某個方便的數字來得到相當接近的答案。參考下列表格:

需要達到的 倍數	用於除法的 方便數字	範例:如果年利率為4% 需要多少時間
兩倍	72	72÷4 = 18年
三倍	120	120÷4 = 30年
十倍	240	240÷4 = 60年

█ 貨幣換算

　　所有的跨國旅行或購物都與換算有關,貨幣與一般的計
量單位不同,英鎊、歐元和美元之間的匯率一直在變化。在
本世紀,100英鎊可以買到的東西從120美元到超過200美
元都有,變化很大。

　　在許多貨幣換算中,你(或跟你交易的人)可能會需要
精確地計算到最後一分錢,而你八成會用計算機。但假設
你現在需要在機場換一些美元。匯率是1英鎊兌1.40美元,
你想換1,000美元,結果服務員要收你793.40英鎊。這樣如
何?好吧,793.40英鎊大約是800英鎊,而心算檢查告訴你
1,000÷800 = 1.25,這跟所知的1.40美元匯率差很多。他們

要不是收取了鉅額佣金，就是搞錯了數字。你還想繼續這筆交易嗎？

　　英國人比較幸運，因為英鎊比世界上大多數貨幣都有價值，[3] 這表示 1 英鎊通常可以兌換超過 1 美元、1 歐元、1 瑞士法郎，並且也大大超過 1 人民幣或 1 盧比。所以，如果要把英鎊換成其他貨幣，我們通常會需要把錢乘以 1 到 2 之間的一個數字。

　　或許你原本有自己的快速算法，可以用於粗略換算，但根據匯率，你可能會四捨五入到最接近的方便比率。例如：

對其他貨幣的匯率	近似於……	估算捷徑
1.09	1.1	加 10%
1.35	1.33	加三分之一
1.52	1.5	加一半
1.72	1.75	加四分之三
1.81	1.8	乘以二，然後減 10%
2.1	2	直接乘以二！

　　如果要把英鎊兌換成美元，這種方法還不錯。但相反地，如果要把金額乘以（或除以）一個小於 1 的數字，大部分人都

3　作者注：這不過是因為某些歷史決定讓英鎊處於現在的狀態，並不能反映出英國的相對財富！

會發現很難用心算來完成這種計算。如果你對算術很有自信，那你可能會很樂於去除以1.4之類的，但更簡單的方法是：先除以2，然後加50%。這種方法應該足夠你應付這種計算了。「所以，這家酒店一晚要花我們500美元，讓我想想——先減半，等於250英鎊，然後再加上125英鎊……至少350英鎊。哇！遠遠超出了我們的預算。」

大小長短，盡在手中

█ 估計距離

　　估計距離最直接的方法，就是把你想算出的距離與你已知的距離做比較。如果你知道雪梨到墨爾本的距離是500英里，那麼雪梨到坎培拉（由於歷史和政治因素，這座城市大致位於雪梨與墨爾本的中間）的距離就大約是250英里。假如你不知道從雪梨到墨爾本多遠，或許可以用其他有用的資訊來估算。例如，兩地坐飛機需要大約一個小時，而大多數飛機的時速約為500英里，所以一小時相當於飛行500英里。

　　當然，估算更短的距離時也可以使用同樣的邏輯。如果你知道自己身高是1.5公尺，就可以估算出你所處房間的高度，例如，你可以想像一下站在自己的肩膀上能不能碰到天

花板。（我會這樣想像。）

　　這一切都是我們常接觸又熟悉的。此外，還有三種更奇特（我覺得也很迷人）的距離與高度估算法。

1. 落石法

　　在我小時候，家裡經常去柴郡（Cheshire）的比斯頓城堡（Beeston Castle）旅行。我最喜歡的其中一個地方就是城堡裡那口井，我們會很雀躍地把一顆顆鵝卵石扔進井裡，然後讀秒，最後聽見落地聲。（幾十年來，有很多小孩都在做一樣的事，我有點擔心這口井不再像以前那麼深了。）

　　我們可以用牛頓數學來估算出井深，物體在重力作用下的落下距離是這樣算的：

$$距離 = 1/2a \cdot t^2$$

　　其中 a ＝重力加速度（大約是 10 公尺／秒），然後要乘以時間的平方。如果鵝卵石丟下 3 秒鐘之後才聽到聲音，那麼井的深度大致等於：

$$1/2 \times 10 \times 3^2 = 45 公尺$$

　　這裡其實忽略了兩件事，所以算出的時間會是高估的數字。第一，空氣有阻力，鵝卵石最後不會繼續加速，所以在井裡觸底的時間，會比在真空中還要久。第二，鵝卵石到達井底發出聲音，而聲音需要時間才能傳到你的耳朵。不過，上述兩種影響都很小。總之，如果想要估算出一個合理的自由落體高度，就直接把下墜時間平方，再乘以5即可。

2. 手指法

　　如果你站在海灘上，看見地平線上有一艘遊艇。你想知道遊艇距離你有多遠。

　　有一種方法可以找到答案。伸出你的手臂，閉上一隻眼睛，用一根手指遮住那艘遊艇。

　　現在睜開眼睛，換成閉上另一隻。這時，遊艇會像是跳到你的手指旁邊一樣（這種現象稱作「視差」）。

　　你到遊艇的距離大致為：

遊艇跳躍的距離 × 10

　　然後，你必須用自己的判斷力，來估計遊艇跳躍了多少倍自身長度。假如你估計這艘遊艇跳躍了大約15倍的自身長度，那它距離你大致會是：

$$10 \times 15\ 艘遊艇長$$
$$= 150\ 艘遊艇長$$

　　當然，你還必須要估算一個東西：遊艇本身的長度。這需要用對遊艇的基本知識來判斷，遠方的是一艘5公尺、10公尺還是20公尺級的遊艇。如果你認為這艘船長10公尺，那麼你估算出的距離，大約會是10×150＝1,500公尺。

　　這方法就像我說的，有些奇怪。但我敢打賭，你現在會想對著窗外某個高塔試試這個算法……。

3.洋芋片包裝袋方法

　　如果你很想知道公園裡一棵特別大的白楊樹有多高，可以用空的洋芋片包裝袋來進行很棒的估算。

　　從包裝袋的角落對折，讓袋子的頂部與側面重疊，然後壓緊這條對角線。對角線應該會是45度。

　　把洋芋片包裝袋放在眼睛旁邊，像望遠鏡一樣沿著對角

線看，讓包裝袋的底部保持水平。

　　朝白楊樹走去，直到包裝袋的對角線與樹頂切齊。

　　現在，邁開大約一公尺長的步伐，算算看走到樹幹旁需要多少步。

　　我們可以藉此算出，樹的高度差不多為：

步數＋身高

　　這是什麼原理呢？用對折的洋芋片包裝袋和樹頂切齊，這樣會形成一個等腰三角形：所以，你走到樹的距離就等於樹在你視線上方的高度。

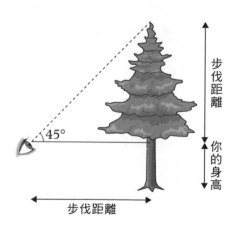

▌圓與 PI

大多數人都學過兩條跟圓有關的公式。

對於半徑為 R 的圓：

$$周長 = 2\pi R$$
$$面積 = \pi R^2$$

那麼，π 是多少呢？這取決於你問誰。

數學家會告訴你圓周率是一個圓的周長與其直徑之比，是一個開頭為 3.14159 的超越數，直到小數點後的無限位。

工程師會告訴你：「π 大約是 3，但為了安全起見，我們直接取 10 吧。」（只是個笑話）

無論你贊同哪一種觀點，在面對大多數現實問題時，其實知道 $\pi \approx 3$ 就夠了。[4]

但到底什麼時候會需要使用到它？

在 2004 年雅典奧運會上，英國運動員凱莉・霍姆斯

4　作者注：圓周率有一個常用的近似值是 22÷7，這個近似值非常精確（與正確值相差不到 0.04%）。但如果你想記得圓周率的小數點後幾位，有幾種輔助方法，我最喜歡的是：「How I wish I could calculate pi.」（我多希望我能算出圓周率）以及「May I have a large container of coffee.」（請給我一大罐咖啡）。這兩句話中，每個單字的字母數代表圓周率的數字。

（Kelly Holmes）贏得了女子田徑800公尺項目金牌。五天後，她又進入1,500公尺決賽，她的目標是成為英國首位在這兩個項目上都贏得金牌的運動員。

凱莉·霍姆斯是戰術型跑者，她會用適合自己的配速，這表示比賽過程中她有時候會落後。跑到最後一圈時，她排名第八。她現在必須衝到前面。問題是，在超車時，她需要切換到第二跑道，才能越過前方的選手。這種超前在直線跑道上沒有影響，但兩邊的彎道是半圓，霍姆斯在那必須繞著比對手更大的圓周跑。換句話說，要贏得金牌，她必須跑超過1,500公尺。

但到底有多遠呢？

乍看之下，我們的資訊量似乎不足夠。奧運的跑道有多長？彎道的半徑是多少？彎道有多寬？事實證明，這些數據中只有一項重要。

我們來看一下跑道的示意圖。其中直線跑道的長度為L，彎道處內圈的半徑為R。由於圓周長公式是$2\pi R$，所以整條跑道長度等於兩倍直線跑道長，加上兩個彎道的圓周長，也就是$2L + 2\pi R$。但是凱莉·霍姆斯必須經過的彎道的半徑更大——比一條跑道還大。

田徑跑道上一道有多寬？你可以在腦海中想像一下。30公分嗎？不，應該寬得多。

　　會是幾公尺（一位選手橫躺在上面剛剛好）嗎？不，比這窄一些。一公尺感覺滿合理的。[5]假設凱莉使用的彎道，圓的半徑是 R ＋ 1。

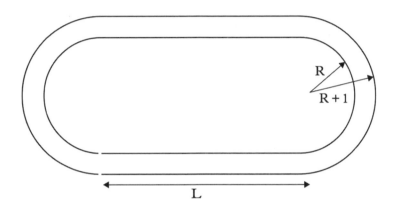

　　我們現在可以算出凱莉要跑的外圈長：

$$2\pi\,(R + 1) + 2L$$
$$= 2\pi R + 2\pi + 2L$$

　　然後減去內圈的長度，得出凱莉要比其他選手「多跑」的距離是：

5　作者注：一道跑道的寬度實際上是 1.22 公尺。跟大多數體育運動一樣，這個長度最早是用一個簡單的英制單位來制定的：1.22 公尺 ＝ 4 英尺。

$$= 2\pi R + 2\pi + 2L - 2\pi R - 2L$$

算式中的 $2\pi R$ 和 $2L$ 正負抵銷，剩下 2π，也就是 $2 \times 3.14 \cdots \cdots$ 我們只要知道是 6 公尺就行了（因為本書用的是近似值）。

6 公尺——這個距離還不少。這就是冠軍與其他選手之間的差距。

有趣的是，凱莉・霍姆斯在她的比賽計畫中必然也考慮到了這一點：她知道自己必須跑得更遠，但她認為，為了能用適合自己的配速來跑，這個距離的代價是值得的。而且這招有用：她在獲勝時還超前了幾公尺遠。

這就是凱莉・霍姆斯受封成為凱莉・霍姆斯**女爵**的故事。

▋面積和平方根

我們常常會碰到以平方為單位的數字，尤其是面積。我們可能會描述一間公寓的大小是「1,200 平方英尺」，也可能會說森林大火蔓延了「100 平方英里」。要想像任何一個單位的平方都很困難——不過，用長度來思考會更容易。

100 平方英里相當於一個邊長為 10 英里的正方形。為了求出正方形的邊長，我們需要計算總面積的平方根。

以下舉一個真實例子。2013至2014年的冬季，是英國西南部史上最潮溼的幾個月。有一片稱為薩默塞特平原（Somerset Levels）的低窪地區被淹沒，洪水持續了好幾個星期。據報導，在2014年1月的水災高峰，被淹沒的區域有69平方公里。

我們想像一下，如果這片被洪水淹沒的區域是正方形，那會有多大？

假如正方形的面積是69平方公里，那麼每邊的長度是：

$$\sqrt{69}$$

這個數字會介於8和9之間（比較接近8）。所以，被淹沒的區域大致等於一個8公里×8公里或5英里×5英里的正方形。這就是我現在**所能**想像的。

薩默塞特洪水的故事讓我們知道計算平方根也可以很方便。要算得很準確很可能會一團混亂，但有一個簡單的估算方法。

假設你要計算170,423的平方根。

從數字的右側（個位數）開始，將數字由右至左分成一對一對，如下所示：

17   04   23

　　從左邊第一對數字（17）開始估算該數字的平方根。16的平方根是4，所以17的平方根是4餘1。用Zequals的話可以直接取4，但如果要更精確一點，可以取4.1。

　　現在數一數還有多少對，每一對都直接化為10，並用第一對數字的平方根進行相乘。以上面的題目來說，由於還有兩對數字，所以是$4.1 \times 10 \times 10 = 410$，得出170,423的平方根大約是410。

　　再來一題：4,138,947的平方根。

　　把數字從右邊開始分成兩兩一對：

4   13   89   47

（注意，這次開頭的「對」只有個位數4）。

　　所以，平方根大致為：

$$2 \times 10 \times 10 \times 10 = 2{,}000$$

自我測驗

你能用心算，算出下列數字的平方根嗎？如果你的答案與正確答案相差不到5%，就給自己加分。如果誤差在1%內，就給自己一個大大的讚。

(a) 26

(b) 6,872

(c) 473.86（提示：忽略小數點後的數字！）

(d) 廣告上的出租公寓面積為「910平方英尺」。如果這是一個正方形的房間，那邊長會是多少？

(e) 根據維基百科，裏海的面積約為371,000平方公里。如果它是一個這樣大小的正方形，是否能存在於法國的國界裡？

答案請參考第218頁。

超級大富翁之二

這次提到的是2008年的一集[6]，《超級大富翁》這次找了幾對夫妻參加。其中一對夫婦（姑且稱作史密斯夫婦）已經贏了

6　作者注：這一集似乎沒有留下資料；我們已經盡力回想當天所看到的細節了。

64,000英鎊。

讓他們挑戰125,000英鎊的問題是：「哪一個海洋的面積是470萬平方英里？」

（a） 北極海

（b） 大西洋

（c） 印度洋

（d） 太平洋

史密斯夫婦不知道答案，所以決定使用他們最後的救命稻草，那就是「問觀眾」。

大約有一半的觀眾把票投給了太平洋，但這對夫婦希望投票結果更明確（至少80%），於是最後他們決定謹慎一點，先把錢抱走。

我之所以知道這個故事，是因為我的朋友約翰・黑格（John Haigh）——他是薩塞克斯大學（Sussex University）的講師，熱衷於粗略估算與Zequals的使用——在這個問題出現的第二天跟我說，他已經自己想出了答案。他是先從自己最熟悉的海洋（大西洋）的大小進行估算。你能猜出哪個是正確答案嗎？（請參考第202頁）

公制和英制的無縫接軌

▌誰需要英制？

不管你喜不喜歡，我們總會需要做公制／英制的轉換，反之亦然。這個習慣已經行之有年，為什麼？

有兩個原因：

1. **美國**：美國是世界上最大的經濟體，有著最強的文化影響力。他們在溝通與工作上，仍然堅持用英尺、碼、磅和加侖。這也影響了世界上其他地方，而且美國人不只在工程技術規範中使用英制單位，在流行歌曲、電影和烹飪書中也會提到。

2. **舊習難改**：有些大英國協的國家雖然已經從英制轉向公制，但人民在語言和思維上依然有著英制度量單位的傳統。例如，紐西蘭在 1976 年完全採用公制，但汽車行駛的公里數仍然被稱為「英里里程」（mileage）。不過這跟英國比起來是小巫見大巫，英國這個國家在單位的使用制度上分成兩派。談到測量時，有些人還有雙重標準。例如，我認識的許多成年人，他們描述自己的身高用英尺為單位，但體重卻以公斤為單位。這不只是年齡問題。我曾經對全英國數百名 15 歲青少年做了調查，也發現這種結果：

- 大約75%的15歲青少年用英尺和英寸來描述別人的身高。
- 大約30%的人用英石和磅來描述別人的體重。

英制單位的使用很廣泛，不過青少年在學校考試裡從來不會碰到英制單位，而且他們幾乎都不知道一英石是14磅！總之，在英國不管使用哪種計量單位，都會碰到喜歡用其他單位的人。

探測者號的失敗

1998年12月，美國太空總署發射了「火星氣候探測者號」（Mars Climate Orbiter），這架太空探測器的任務是研究火星大氣。幾個月後，探測器在接近火星時啟動了推進器，目的是要讓它進入穩定的軌道。美國太空總署團隊密切關注進展，但令他們扼腕的是，推進器太強使得探測器衝入火星，最終墜毀了。

美國太空總署的審查委員會後來發現，他們的噴射推進實驗室（Jet Propulsion Laboratory）所設計的軟體在計算中使用了公制系統，但打造探測者號的洛克希德·馬丁航空公司（Lockheed Martin Astronautics）的工程師們，在計算時卻使用了傳統的英寸

和英尺（調查報告將問題歸咎於「英制」，彷彿這不是美國的錯似的）。火箭施加的推力不是以磅為單位，而是牛頓力，結果多了四倍左右。這個簡單的單位錯誤，讓他們損失了約1.25億美元的太空探測器。

一國兩制：混亂的距離

英國從英制單位轉換為公制單位，等於向前邁出了一大步。英尺、磅和加侖的計算在一夜之間簡化，因為一切事物都可以用十進制來計算。

英國在1970年代初才真正開始公制化，當時英國加入了歐洲經濟共同體（European Economic Community），公制單位是標準單位。同時，學校課程也採用公制，這表示50歲以下的人的數學教育只使用公制單位——除了一個明顯的例外：英里。

英國的道路標誌完全以英里為單位，所以在一般情況下，車輛時速表都以英里每小時為單位。因此，會出現一個奇怪的情況：絕大多數青少年會用英里來表示長距離，而用公尺來表示短距離；他們會用英里每小時來表示較快的速度，但用公尺每秒來表示較慢的速度。奇怪嗎？嗯，其實還好。如果他們不需要在兩種單位之間切換，大多數人在工作

環境下都可以好好地使用自己習慣的英制或公制單位。

　　困難的是從公制轉換為英制。我讓一大群15歲青少年估算倫敦到紐約的距離。他們給我的答案落差很大，但大部分都落在1,000到10,000英里之間，這個範圍並沒有很離譜（正確的答案是3,500英里左右，這是直線距離，或至少是波音787的飛行距離）。

　　當他們被要求以公里為單位來猜測時，問題就出現了。大家對一英里和一公里的關聯沒有很大認識，只知道都「很遠」。有很多人都會用「英里里程」乘以10來算出「公里」，這個錯誤可能是因為公尺和英里的簡寫都是「m」。一種似是而非的感覺，讓人們認為「m」與「km」有關，所以何不乘以1,000……不對，等等，聽起來太多了……那何不乘以10呢？

　　公里與英里的比率，其實是1.6。（更準確地說，是1.609……）

轉換的記憶法

　　這三段幫助記憶的句子，是1970年代家樂氏（Kellogg）寫在玉米片包裝背後的，至少有一代人永遠不會忘記：

一公升水

一又四分之三品脫

二又四分之一磅的果醬

約一公斤

一公尺等於三點三英尺，

你看，比一碼還長。

▋粗略單位換算

如果用上面這個精確的比率太麻煩，你可以用Zequals風格的換算，來處理大多數情況。方便的是，常見的粗略換算大多只需要加倍或減半。

	精確換算	粗略換算	範例
公升到品脫	$\times\frac{7}{4}$（或 1.75）	兩倍	10公升～20品脫
公升到英制加侖	$\times\frac{7}{32}$	四分之一	20公升～5英制加侖
公里到英里	$\times\frac{5}{8}$	一半	200公里～100英里

公尺每秒（m/s）到英里每秒（mph）	×2¼	兩倍	10公尺每秒～20英里每秒
公分到英寸	×⅖	一半	6公分～3英寸
公尺到碼	×¹³⁄₁₂（或加 ¹⁄₁₂）	相等	70公尺～70碼
公斤到磅	×2¼	兩倍	10公斤～20磅
攝氏到華氏	×⁹⁄₅再加32	兩倍再加30	攝氏20度～華氏70度

　　當然，你可能會遇到其他更麻煩的英制單位，像是土地上的英畝（acre）、賽馬上的化朗（furlong）和烹飪上的液量盎司（fluid ounce），但這些很少出現在日常生活中，你也不太可能在毫無準備的狀況下需要馬上處理。

自我測驗

心算以下題目並進行粗略的換算：

（a）70英里，換算為公里。
（b）40公斤，換算為磅。
（c）150公尺，換算為碼。
（d）100公里，換算為英里。
（e）攝氏25度，換算為華氏度。
（f）10英石，換算為公斤（一英石等於14磅）。

答案請參考第219頁。

英里／公里的奇特換算法

　　大約800年前，有位被稱為比薩的里奧納多（Leonardo of Pisa）的數學家（別名斐波那契）寫了一串奇特的數列。從0和1開始，順序如下：

0　1　1　2　3　5　8　13　21　34　55

　　數列中的每一個數，都是由前兩個數字相加得到的。55的下

一個數字，就是 34 ＋ 55 ＝ 89。

接著才是重點。從數字 3 之後，如果在斐波那契數列中取任意兩個連續的數字，比率會非常接近 1.6。例如：13÷8 ＝ 1.625、34÷21 ＝ 1.619。這不只是巧合。事實證明，只要一直寫下去，斐波那契數列中連續數字的比例會越來越接近所謂的「黃金比率」，數值大約是 1.618。

巧的是，黃金比例非常接近 1.609，也就是英里與公里的比例。所以如果你想把 13 英里換算成公里，那只要看一眼斐波那契數列，就可以推測出答案大約是 21 公里，而且誤差會在 1% 以內。

也可以用公里反推英里。如果到歐洲旅行，你看到目的地是 34 公里，就可以肯定地說「相當於 21 英里」。

統計學裡的估算技巧

▌平均值和不確定性

「平均」（average）這個詞在日常生活中用來表示「典型的」或「中間的那個人」。用在一般狀況下是沒問題的，但要注意的是，統計量上有三種常用卻不同的平均。

平均數（mean）是其中最常用的。這是把所有數值或測量值加總，然後除以你所測量項目的數量。當我們在說成年

人的平均身高、板球的擊球率，以及人均收入，用的就是這個「平均數」。

中位數（median）是把所有數據從小到大、依序排列，然後取中間值。

眾數（mode）指的是資料中最常出現的數值。例如，英國成年女性的標準鞋號是6號。

我們已經知道，大部分的統計數據都有不確定因素，所以你看到的統計結果可能會高估或低估了真實狀況。

造成這種「誤差」的原因有二：用來測量統計數據的方法不可靠（例如，你的秤每次顯示的數字都不一樣），或測量的事物會不斷變化（例如，你想找到「一般人」的身高）。

不管是哪一種，「真實」的答案都會落在分散的可能值中的其中一點。大多數情況下，這種分散（專業上稱作分布）看起來如下：

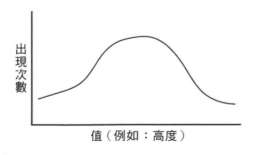

這樣的形狀被稱為「常態分布」（表示這不是異常的），

通常也被稱為「鐘形曲線」（因為形狀像一口鐘）。曲線中央
較高區域的點，代表最頻繁出現的數值或讀數（readings）；
而左邊與右邊的較低區域，則是較為極端、不常出現的數
值。學校班級內的孩子身高、水仙花開花的時間，以及許多
日常現象都遵循這種模式。這個分布是對稱的，很方便，因
為這表示平均值正好在中間。在這種分布中，統計數據或測
量值可能高於或低於引用值，所以可以直接將最高點視為
「平均值」。

　　不過，並非所有統計數據都遵循這種模式。如果你深入
觀察人們在去搖滾音樂會[7]時呆在廁所裡的時間，分布會是
這樣的：

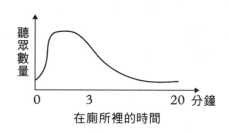

大多數人可能會花3到4分鐘，但有些人會花10分鐘或

7　作者注：我之所以知道，是因為我的朋友杭特（Aoife Hunt）在研究群眾物流（crowd
　　logistics）時得研究這個。

更久，有一兩個會超過20分鐘。

　　這種分布被稱為「對數常態分布」。看到前面這張圖，你會發現典型的耗時是2到3分鐘，但「平均值」（總耗費時間除以人數）會高於2到3分鐘，因為總是有極端情況。

　　同樣地，成年人的收入分布也不均勻，許多人的年收入都在2萬至3萬英鎊之間，但往右有一條長尾，包括一些收入數百萬英鎊的人。也因此，雖然中位數收入約為2.5萬英鎊，但「平均」收入將落在圖中高峰的右側。大多數人的收入都會低於收入的平均數——所以引用平均數、中位數或眾數的選擇，可能會受到政治上的影響。

　　還有另外兩種很常見的分布。如果你從Twitter上的推文隨機抽樣，那麼單個推文的「讚」的數量會是這樣：

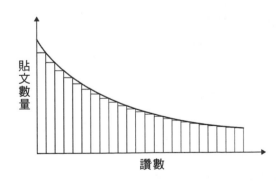

最常見的讚數是0，其次是1，然後是2——越是往上，該讚數的貼文數量就越少。這稱作「指數分布」。

最後，如果你選擇一個經濟較為發達的國家，聚集其中20到50歲的國民，那他們的年齡分布通常會是這樣：

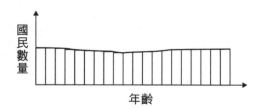

每個年紀的人數都有起伏，沒錯，可能有些微的上升或下降趨勢，但總體而言，這是一條平坦的線。如果從這組人裡面隨機選一個人，那麼他是23歲的機率和他是33歲的機率是一樣的。

舉例來說，如果在倫敦隨便找個車站，計算等待地鐵的時間，那你可能會得到一個類似的分布圖。列車每隔幾分鐘就到站，你可能在兩分鐘候車時間的開始（火車剛走）到達月台，也可能在候車時間的最後（火車進站）到達月台。當然，也可能在兩者之間的任何時間點到達。

如果知道統計數據是屬於哪一種分布，就有助於進行估算。

▌計算機率

　　「機率」是「某事發生的可能性」的正式說法。機率的範圍介於絕對肯定（即100%會發生，像是明天太陽會升起）到不可能（0%機率）之間。例如，一枚公平的硬幣擲出正面的機率是50%，而從一副普通紙牌中抽出一張紅心牌的機率是25%，因為一副牌均分為四種花色。

　　表達日常機率最常見的方式是百分比，但還有其他表達方式。例如，抽出一張紅心牌的機率可以表示為：

- 分數（或四分之一）。
- 小數（0.25）。
- 博弈賠率（選紅心是3賠1，所以每次選紅心時，可以認定會選到非紅心的牌三次）。

　　但有些機率沒辦法用簡單的檢驗來確定。有時，為了找到（或估計）某件事的機率，必須用不同的方法。例如：

- 要估算某輛車是黃色的機率，可以進行調查。觀察路上經過的100輛車，然後計算一下。如果其中只有一輛是黃色的，那就表示隨機挑選到一輛黃色汽車的機

率大約是 100 分之 1。你所觀察的樣本越多，估算出的機率就越準確。

- 要估算巴黎下一個 7 月 1 日氣溫超過攝氏 25 度的可能性，可以參考**歷史數據**。如果過去 10 年的夏天，有 7 年的 7 月 1 日都超過 25 度，那在沒有天氣預報的情況下可以合理猜測，今年會有 7/10（70%）的機率超過 25 度。

- 有時候，我們對於一件事發生的機率只是憑藉一種直覺。如果題目是：「誰當上美國總統時的年紀比較大，是布希還是柯林頓？」你會依據直覺給出機率：「我覺得 90% 是柯林頓」或「布希的機率高一點」。如果你完全沒概念，那麼從兩個選項中選出正確答案的機率就是 50%。

在計算中，使用的機率越不明確，估算就越不可靠。所以，你能準確地算出拿到同花順的機率，卻很難算出贏得酒吧問答競賽的機率。

▌指引決策的關鍵

有許多統計數據都是調查結果。如果有人告訴我們，有 7% 選民打算在下次選舉時投給綠黨（Green Party），或者 65%

兒童每天在家裡看螢幕超過 3 小時，那麼要知道，這些數據並非基於對所有人的普查，而是取樣大約 1000 人。這些樣本是根據年齡、性別、社會背景等要素精心挑選，用以「代表」人口。假如樣本量夠大，民調人員和市場研究人員就可以給出一個他們覺得很可靠的數據。

　　但這種調查，並不只限於專業人士才能操作，你也可以。如果只對 10 人進行抽樣，專家們絕對會大吃一驚，不過，就算取樣很少，也能讓你對整體有個大致認識。

　　幾年前，我參加了一次委員會會議，討論當時合作的一個國家機構的成員數下降問題。有人提議要聘請一些顧問來協助制訂一份調查，並將調查發給數千名機構成員，徵求他們的意見。

　　我的建議不一樣。我們需要的是快速掌握資訊。那麼，為什麼不讓會議上的 10 人各自拿一份簡單的問卷，然後花一兩個星期，一碰到可能加入機構的人就請他們填寫？我認為就算只有少數回應，也可以提供方向，讓我們知道哪些問題才是關鍵。儘管提議被否決，我還是決定做游擊調查。跟我談話的五個人中，有兩人表示沒加入的原因是他們沒時間享受福利，還有三人說他們有加入過，但社交媒體提供的免費替代品就可以滿足需求了。

　　樣本數這麼少的情況下，肯定地說「有 40% 目標群體

不再有時間享受會員資格的好處」或「有60%目標群體現在從其他地方獲得資源」都是空談。但事實上，我們不需要知道誤差在10%以內的答案。就算這次小型調查得到90%和30%的結果，我們還是會得出相同結論，即當前的新威脅是時間壓力和社交媒體，而這些問題必須解決。（該機構從來沒有時間進行大規模調查，但確實有些積極的改變，像是參與社交媒體。）

　　快速估算的調查沒什麼特別的。人們常常做，無時無刻。我們會問認識的朋友，看看誰推薦哪間水電行，或者當小朋友掉牙齒時，牙仙子現在都給多少。[8]如果只詢問三個人，結果會有很大的誤差。可是如果調查顯示，有67%人（好吧，實際上是我們三分之二的朋友）說他們家中的牙仙子給1英鎊，我們最後還是能收集到有價值的資訊，並做出更好的決定。

　　當然，如果調查的準確性很重要，就必須進行統計上嚴謹、有代表性的大規模調查。但如果你沒有時間和金錢，那也別排除不嚴謹、有誤差的其他簡單替代方案，這有其價值──但請記得，別過於看重調查結果中的數據。

8　譯者注：牙仙子是歐美國家傳說中的妖精，若小孩把自己脫落的乳牙放在枕頭下，他們就會把牙齒帶走，並留下一些錢或禮物。

到底還要排多久？

現在是十月中。我在樂高主題公園。我又來了。孩子們很想去「海盜瀑布」玩，但當看到指示牌上寫著目前的等待時間是一個小時，我的心一沉。要排一小時的隊，在人潮中慢慢拖著腳步，然後只玩五分鐘，結束的時候全身濕透。

幸運的是，在隊伍中可以清楚看到最前面出發的人。這就是檢驗樂園官方預測的一小時是否正確的機會。如果真的要花那麼久，我們就去玩其他的。

我們決定做個調查，看著起點出發的船，然後算算看五分鐘內有多少人出發。有些船有四個人（萬歲，這超快！），有些船一個人也沒有（嘖！浪費一艘好船）。

我們在5分鐘內數到了36人，計算出平均人流約是每分鐘7人。然後我們估計隊伍長度——大約有150人。

150人，每分鐘7人。150人除以7約等於20。從我們的預測看來，樂園官方的預測大錯特錯。只需要等大概20分鐘吧。我很高興，不過我當時沒考慮到另一個因素，就是Q-bots（讓付費者從另一個入口直接排在最前面）。事實證明，Q-bots讓人流慢了25%左右，所以我們要到隊伍的最前面，還要等將近25分鐘。

比起完全相信等候時間，粗略的思考讓我們更能掌握情況，

也幫助我們打發幾分鐘的時間。我很高興。我們在終點時下船離開，濕得像落湯雞。

多個事件的發生機率

我們可以把兩個或多個獨立事件的機率相乘，藉以計算出它們發生的機率。

大多時候，用分數計算多個事件的發生機率很方便——事實上，這可能是學校教的分數加法和乘法中最重要的應用。例如，計算擲兩個骰子得到兩個6的機率是：

$$\tfrac{1}{6} \times \tfrac{1}{6} = \tfrac{1}{36}$$

這會比計算 16.7%×16.7% 簡單多了。

如果其中一件事不受另一件事影響，那麼這兩件事就各自獨立：擲骰子和拋硬幣都是獨立事件，但「住在威爾斯」和「姓瓊斯」就不是各自獨立的事件了。英國每20人中就有1人住在威爾斯，每100人中就有大約1人姓瓊斯——但下期英國樂透頭彩得主，他住在威爾斯且姓瓊斯的機率並不是 1/20×1/100（= 2000分之1）。威爾斯居民姓瓊斯的比

例約為 17 分之 1，[9] 所以頭彩得主是威爾斯人且姓瓊斯的機率
大致為：

$$\frac{1}{20} \times \frac{1}{17} = 340 \text{ 分之 } 1$$

　　兩個事件是否各自獨立？這一部分要靠常識，一部分靠
經驗，但為了簡單起見，在開始時，你通常可以把沒有明顯
相關的兩個事件視為獨立事件。

　　例如，你在趕時間，需要搭上一輛公車，才能到你要趕
火車的車站。假設你要去的車站大約有五分之四（80%）的
火車不會誤點，直覺告訴你，等公車超過五分鐘（會讓你趕
不上火車）的機率大約是二分之一（50%）。但實際上，公
車晚來和火車誤點的機率並不是完全獨立的：例如，壞天氣
會影響兩者——這種關聯不一定重要。你要等公車超過 5 分
鐘且火車準點的機率是 4/5×1/2，也就是 2/5，即 40%。

看清大局，掌握趨勢

　　現代生活有極大部分以統計數據為基礎。統計數據主導

9　　作者注：根據《意義雜誌》（*Significance*），在 2008 年有 5.7% 的威爾斯人姓瓊斯。

著我們觀看的新聞，我們藉以產生觀點、做出判斷，以及最重要的「做決定」。統計學家的工作是仔細研究數據，找出重要的模式與關連。在這個時代，「大數據」可以用來幫助廣告商、政黨和其他機構，透過可怕的細節深入了解我們的行為，以便掌握並影響我們——因此，最頂尖的統計學家能賺到鉅額薪水也就不足為奇了。

統計學所使用的數學可以很複雜。如果有一組數據（如下圖中虛構的點），要找一條最緊密通過這些點的直線（所謂的「最佳適配」〔best fit〕），可以用一些複雜的數學技術來處理。[10] 但大多數情況下，人眼已經夠準了。這有點像是定點球競賽，[11] 我用自己的判斷和直覺，在下圖的點之間畫了一條直線。這顯示出趨勢是略微往上的。或許你畫的不太一樣，但不太可能差**很**多。

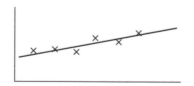

一般來說，如果你想預測不久之後的將來，那麼從過

去進行直線推斷是個很好的開始。例如，下圖顯示了2013
年（2.3%）到2017年（4.8%）所有家庭開銷中線上付款的
比例。[12] 猜猜2018年的狀況會如何？

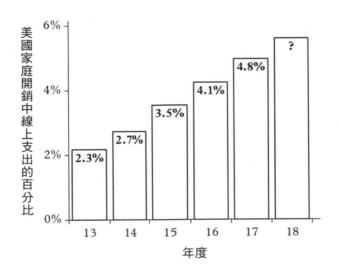

　　顯而易見，雖然網路市場的成長速度有所不同，但每年
都在成長。2014年的年成長率只有0.4%，接下來三年的成
長率介於0.6%至0.8%，因此可以合理預期2017-18的年增
長為0.7%。

　　當然也可能高達1%，或低至0.3%，甚至可能有災難性

12　作者注：資料來源為Global/Data analysis。

的發展，我們無法確定，但就像駕駛油輪一樣，正朝向一種
趨勢穩步前進的統計數據，如果要轉向可能需要很大的動
機。因此，預測 2018 年會是 5.5%（左右）是相對安全的——
其實，當年的百分比就是 5.5%。但這還是有點靠運氣，畢
竟合理的推測並不總是準確的。

　　要預測的未來越遙遠，用現有數據去推斷趨勢的風險
就越大。注意：雖然美國人的家庭支出習慣，清楚表現在消
費者行為模式的變化上，但「上升趨勢」也可能只是機率問
題。如果反覆同時投擲 10 枚硬幣，第一次得到 4 個正面，第
二次得到 5 個正面，第三次得到 6 個正面，看起來就會呈上
升趨勢，但數據顯示下一次最可能的結果是 5 個。

　　就算長期趨勢如此，短期的數據也可能呈現反方向的走
勢。一些不認同氣候變遷理論的學者，喜歡著眼在 2001 年
至 2013 年期間來「證明」全球暖化已經結束。這段時間內，
全球平均氣溫上下波動，沒有明顯的趨勢。然而，如果綜觀
一整個世紀，已經足以證明整體上升的趨勢。當然這還是沒
有定論的。總之，多數科學家偏好看長期的統計數據，而非
短期的波動。

英超的目標：不確定中的確定性

這裡做個預測。在下個賽季，英超的進球數會有1,000顆。

好吧，可能會比這個多一點，但誤差應該不會超過5%。這個比例以快速估算的標準來看，準確得很驚人。

為什麼我的預測，會是一個很簡單的整數呢？

這只是剛好的巧合，但從歷史來看還滿有說服力的。如果你看一下1995/96到目前的所有賽季（當時聯賽的球隊數量保持在20支），最高的進球數是2018/19賽季的1072，最低的則是2006/07賽季的931。而2009年至2019年的10個賽季中，有7個賽季的總進球數在1,052至1,072之間。

每個賽季，英超共有380場比賽，平均每場有2.6顆進球。這表示，如果球隊數量因為某些原因增加或減少，我們還是可以大致估算出進球數量。假設從20支球隊變成22支球隊，那會有462場比賽。比賽數量大約增加20%，所以我們可以預測會有1,200個進球。

如果聯賽增加到24支球隊，會有552場比賽——這大概比目前英超聯賽還多了50%，所以我們可以預計是1,450個進球。很巧的是，二級聯賽（也就是英冠聯賽）確實有24支球隊。而且，每個賽季的平均進球數大約是1,450顆。

比賽之所以受歡迎，是因為其戲劇性和不可預測性，但從大

局來看，你會很驚訝地發現它可預測的程度很高，這似乎是超乎
常理的——但在統計學上，這其實很合理。

第四章—————————————

什麼都算得出來！
費米估算

科學家的日常消遣，
如何幫助我們化繁為簡？

頂尖企業為何這麼問？

恩里科・費米（Enrico Fermi）一直以來都被譽為快速估算的大師。費米是一位物理學家，曾經參與建造世界第一座核子反應爐。他最著名的事蹟，是 1945 年 7 月，在美國新墨西哥州見證了史上第一枚核彈的爆炸，即所謂的三位一體試驗（Trinity Test）。當時，科學家們無法確定爆炸規模會有多大，有些人甚至擔心這可能大到引發連鎖反應，最終摧毀地球。

故事是這樣的：費米跟其他人躲在距離爆炸中心六英里外的一座地堡裡。炸彈爆炸時，費米等待爆炸產生的風吹到地堡，接著站起來，丟出手上的五彩紙屑。紙屑落地後，他測量紙屑飛的距離，並利用這些資訊估算出爆炸的強度。沒人知道費米如何計算的，或許是跟風速有關，藉此算出從爆炸中心推出一個「半球」空氣需要多少能量。

費米估計原子彈的威力是 1 萬噸爆炸當量。後來經過更嚴格的計算發現，實際強度接近 1.8 萬噸，換句話說，費米的答案差了近兩倍。如果是在數學考試，答案差這麼遠的人都沒辦法得分，費米卻因為快速估算的準確性而獲得了極大讚譽。重點在於，他的答案在數量級（magnitude）上是正確的，讓科學家們得以更清楚自己研發的武器的影響力。

費米的估算之所以令人印象深刻，是因為他用來計算的方法非常粗糙。他的研究結果也告訴我們，「進入正確範圍」有時候代表距離正確答案還有漫漫長路，但此時「不準確」的答案依然有幫助。

在沒有大量有用數據的情況下進行估算，這種問題稱作「費米問題」。這些計算通常比較像智力訓練：為了解題而解題。

不過，磨練解決費米問題的技能有一個實際好處——這種問題在許多面試裡都會出現。我還記得大學入學面試時，被問到的其中一個問題是：「埃及金字塔有多重？」

可以用一種計算方法，步驟如下：

1. 估算金字塔的尺寸和體積；
2. 估算石頭的密度（單位：公斤／立方公尺），計算出石頭的體積；
3. 體積乘以密度得到重量。

我懷疑面試官對正確答案到底有沒有興趣，畢竟根本沒人真的去秤過埃及金字塔。面試官想要的是思考過程。我不記得我回答了什麼，但應該不會太糟糕，因為我被錄取了。

對許多企業來說也一樣：Google 和微軟這種公司有個

地方很出名，就是他們會問應徵者這類問題（費米問題），
目的是觀察求職者如何獨立思考。

無論你是在準備面試，還是只是為了好玩而鍛鍊頭腦，
費米問題都是一個很好的練習。在這一章，我挑選了一些可
以激發想像力的費米問題。每一個範例中，都展示了我選擇
的處理方式。你當然可以用不同的方法。可以確定的是，我
們不太可能得出相同答案——但如果夠巧，我們最後的答案
至少會在同一個範圍。

計數：數字思考的起點

練習費米估算，計數是一個很棒的起點。回答「……有
多少？」是最原始的數學挑戰——但這往往需要非常驚人的
技巧，而且有時極具爭議性。

唐納・川普（Donald Trump）曾說自己的就職典禮「應該
是史上人數最多的」，但當時有些消息指出，他的就職典禮
人數比前任少得多，這跟他的看法大有矛盾。大家都還記得
他有多生氣吧？

我們已經在前文看到一些例子，就算想要一絲不苟、精
確地計算正確數字，還是常常會出錯（如第 23 頁的選舉計
票）。幸運的是，很多情況只需要適當的估計。以下是一些

例子。

▌你最愛的書有幾個字？

出版社喜歡算字數——有時他們付錢會按字數計算。不過，一份手稿或一本你從書架上拿下來的書有多少字呢？

當然，大部分文書軟體裡，只要點一下按鈕就可以找到這個問題的精確答案：但那只適用於電子檔案。對於紙本，你可以費力地數出每個字，或者更務實一點——估算一下。

字數統計是一種抽取樣本的技術，藉此推斷出整本書的字數：單字長度和密度在大多數書中都是相當一致的，所以如果在書的全文中間隨便翻一頁，幾乎可以代表書中的每一頁。

比如說，《傲慢與偏見》裡面有多少個單字？

最隨意的方法是先算一行的字數，作為估算整本書的基礎。一行有 12 個單字，一頁 38 行，共 345 頁，用 Zequals 可以得出：

$$10 \times 40 \times 300 = 120,000 \approx 100,000 \text{ 字}$$

不過我們不用花太多力氣，就可以取一個更大的樣本，並得出更準確的估算結果。即使用三行來取平均也能讓估算

的準確度大大提升。

　　如果三行有34個單字，那麼平均每行約11個。加上縮排、每段最後一行的空白，以及四十幾章最後的空白頁，我們可以粗略估算，這相當於每頁有完整的36行，大約有320頁。

　　近似值是一樣的：$11 \times 36 \times 320 \approx 10 \times 40 \times 300 = 120,000 \approx 100,000$。不過，上面這種對每頁字數和頁數的估算方式更好，它導出了更精確的估計值：$11 \times 36 \sim 400$，而 $400 \times 320 = 128,000$。

　　令人印象深刻的是，雖然也許只是剛好──這個估計值非常接近官方統計的12.2萬字。

　　要估算你正在閱讀的書籍的字數，這有點棘手──裡面的表格、數字、圖表和填空格，都會讓估算變得很複雜。但你還是可以做一個合理的估計，得出概略的數字。

▋一個大人有多少根頭髮？

　　當然，頭髮數量會因人而異。先試試估算有一頭秀髮的人的髮量。用想像力來估算就好了，不用去檢查頭皮。

　　可以的話，請先想像1平方公分的頭皮。

　　毛囊之間相隔多遠？我們可以從上界和下界開始。如果每個毛囊相隔2公釐，那頭髮看起來不會很濃密，你應該會

覺得大家都可以直接看到頭皮反光。但如果是 0.5 公釐，那麼頭髮會非常密，更像是動物的毛皮。所以先選擇合理的折衷方案，即 1 公釐。

這表示我們估計每平方公分的頭皮，有 10 × 10 = 100 個毛囊。

那麼，頭皮表面積有多少？用手摸摸自己的頭，手指摸到額頭上面，拇指觸及脖子上的頭皮下部——我們把頭圍看成一個圓，直徑大約 25 公分（10 英寸）。

要算出直徑 25 公分的圓面積，等於 $\pi \times R^2$，這裡的半徑 R 為 12.5 公分。我們的算法相當粗略且快速，用 Zequals 的話：

$$3.14 \times 12.5^2 \approx 3 \times 10^2 = 300 \text{ 平方公分}$$

不過頭皮表面不是圓形，更類似於一個半球。對於相同的半徑，半球的表面積會比圓的大，所以我們把數字直接翻倍，那就是 600 平方公分。

按照上面的估算，一般髮量差不多是 600 × 100 = 60,000 根。

這個數字可能會有很大變化——最多可能達 100,000，少則至 30,000（假如尚未髮際線後退，或頭髮變薄）。

　　知道最多的髮量是 100,000 根頭髮，表示你可以肯定地假設，在像是哈德斯菲爾德（Huddersfield）的城鎮[1]，至少有兩個人的頭髮數量完全相同。

　　這個推論的第一個前提，就是假設每一個哈德斯菲爾德居民，頭上的頭髮數量都**不同**。我們所知最茂密的髮量大約是 100,000 根。假設所有人頭髮都比這個數字少，且每個人的髮量都不一樣。想像將所有居民排成一列，第一位是沒有頭髮的人，再來是有一根頭髮的人，然後是有兩根頭髮的人，依此類推。

　　這裡有 100,000 人，每個人頭上的髮量都不同。但排到第 100,001 個人怎麼辦呢？而且哈德斯菲爾德居民還超過了至少 50,000 人。多出來的人一定會跟其他人的髮量相同，沒有例外。這可以證實我們的推論：在哈德斯菲爾德至少有兩個人的髮量完全相同，而且有數萬人的髮量會跟其他人一樣。這種形式的證明，又稱作「鴿籠原理」（pigeonhole principle），數學家常用這來解決比髮量還抽象的問題。

1　作者注：只要人口超過 10 萬的城鎮都可以。

▋週末看足球和去教堂，哪個人多？

　　英國最大的信仰是哪個：基督教還是足球？這個問題每過一陣子就有人討論，尤其當有新的統計數據指出去教堂的人數下降時。這個問題中的比較很難進行，因為要量化教堂出席率需要大量的前提和定義，包括哪裡算「教堂」，怎樣算是「去教堂」。

　　舉例來說，參加婚禮和葬禮算不算？不算的話，那麼在教堂舉辦的婚禮和葬禮有多少？

　　由於活動性質，婚禮和葬禮出席人數的估算本身就很有趣。每年大約有25萬場婚禮（估算的過程請見第215頁）。我也知道現在大部分的婚禮都不辦在教堂了。假設還是有三分之一辦在教堂，這表示每年可能有80,000場教堂婚禮。假設平均每場有50人參加。這表示：

　　每年 80,000 場教堂婚禮

　　✕ 每場 50 人 ÷ 52 週

　　≈ 每週有 80,000 人參加教堂婚禮。

　　這個人數，沒有比在老特拉福德球場（Old Trafford）看曼聯（Manchester United）比賽的人數高多少。

　　葬禮更好著手：如果英國人口大致穩定，且各年齡層都均勻分布，那麼可以預期每年將有900,000人死亡。不過，目前離世的大多是戰後嬰兒潮的前幾代。近年來每年死亡人數接近500,000，其中一項原因是當時人口比現在少許多。死者都會有葬禮，而教堂葬禮依然是最普遍的。這表示每年至少有250,000場教堂葬禮，或每週5,000場，至於平均出席人數，我不確定，也許可以先用50人算？這表示每週會有250,000人參加教堂葬禮。

　　整體來看，每週約有350,000人參加婚禮和葬禮。

　　不管有沒有計入婚禮和葬禮，我們對於所有教堂出席人數的官方說法都要抱持懷疑。2018年，英國國教會（Church of England）聲稱每週平均有750,000人參加教堂禮拜，但跟足球比賽不同，因為教堂沒有十字轉門或預定席次，無法確定人數。

　　有些教堂有一年一度調查出席人數的傳統，稱為「十月計數」（October count）。但有相關人士跟我說，有時候牧師會掃視群眾，用手指在空氣中數，再樂觀地加上20%，說「司事，我估計這星期有40人」。

　　估算看足球賽的人數要容易得多。[2]在週末，10場超

2　作者注：要知道為什麼足球比賽官方的出席率會高估真實數字，請參閱第17頁。

級聯賽（每場35,000人？），12場冠軍聯賽（每場15,000人？），24場甲級與乙級聯賽（每場10,000人？），共計750,000人。當然還有成百上千的其他比賽，比起去算出這些人數，在此可以應用80：20法則推定剩下的觀賽人數不會超過200,000人。[3]

所以在英國，一週會有大約一百萬人看足球比賽，比參加英國國教禮拜的人數還多。但如果把天主教徒、衛理公會教徒、浸信會教徒、五旬節派教徒和其他教派也算在內，上教堂的人數可能會多一倍。因此教會絕對比足球更強，至少目前為止是這樣。

▊溫網用了多少顆網球？

有些老闆之所以出名，是因為他們會在面試中問一些曲球問題[4]，藉以測試求職者的反應能力。這個關於溫網的問題，出自國際顧問公司埃森哲（Accenture），但這只是個都市傳說，目前尚無人知道這是否真的在面試中出現過。老闆真的會問一個需要對網球有些了解的問題嗎？嗯，可能吧。總

---

[3]　作者注：80:20法則，更正式的名稱為「帕雷托法則」（Pareto principle）。這是一條經驗法則，用來描述20%的人擁有80%的資源。它在很多情況下都適用（但非常粗略），包括各國的財富分配，或許也適用於足球比賽的出席率。

[4]　譯者注：curve-ball question是一種測試思路的問題，特色是有些無厘頭，平常很少人會想到。

之，這是個有趣的費米問題。

假設我們只討論溫網的雙週賽——男女單打、男女雙打和混合雙打。

首先，總共有多少場比賽？

溫布頓是淘汰賽，只要正式比賽開始，就沒有人會輪空。與所有淘汰賽一樣，這表示參賽者數量必須是2的次方（冪）：決賽中有2名選手，準決賽中有4名選手，八強賽中有8名選手，回推是16名，32名，64名，到第一輪比賽是128名選手。

計算淘汰賽有多少場比賽有個捷徑。因為每一場比賽都有一名選手被淘汰，而比賽結束時只有一名選手沒被淘汰，所以，比賽數量必然會比參加比賽的總人數少一。

溫網單打比賽一開始有128名選手，所以比賽的數量是128−1 = 127。

在男子和女子雙打中，有64對選手參加第一輪比賽，總共有63場比賽；混合雙打有48對，總共47場比賽。

這樣一來，溫布頓網球公開賽的賽事場數是：

127 + 127 + 63 + 63 + 47……大概是400。

男子組的比賽可能會持續三到五盤（平均四盤），而女

子組則會持續二到三盤（平均兩盤半）。[5] 把這兩者結合起來，可以假設溫網的一場比賽平均有三盤。

一盤的局數可以從最少6局（比分為6比0）到最多13局（比分為7比6）不等。平均為9局，但我們四捨五入到10，因為這更好算，也因為決勝盤的比分到達6比6時不會進入搶七（tie-break），而這會拉高平均局數。

所以溫網一整場比賽平均有：

每盤 10局 X 每場 3盤
＝每場 30局

確實其中有個技術性知識只有網球迷會知道，就是裁判每九局比賽要發一組6顆的新球（「請發新球！」），這是埃森哲顧問那些傳說中的面試官沒注意到的。換句話說，我們假設網球比賽會到30局，需要三或四組的6顆球——以每場20顆計。然後有400場比賽。

每場 20顆球 X 400場
＝8,000顆球。

5　譯者注：男子比賽採五盤三勝制，女子比賽採三盤兩勝制。

　　這個數量還不少，但這個估計值遠低於溫網聲稱的「每年使用50,000顆球」。怎麼會這樣？首先，在這兩週內還會舉行輪椅、青少年比賽和名人賽，所以或許可以把估計的8,000顆球增加一倍。然後，還可以計入選手們用來熱身的球，還有打到觀眾席被拿作紀念品的球……當然，溫網在官方商店裡也有賣一些球。

　　總而言之：當你在面試中被問到溫網需要多少顆球，如果用上面的推理得出你需要5,000到50,000顆，那最後得到的面試分數可能會很不錯。

▍川普的就職典禮有多少人參加？

　　群眾的估算可能會十分政治化。如果有抗議和遊行（要求加薪、減稅，或替動物爭取權利）時，組織遊行的一方當然希望數字高一點，但遭到抗議的事情或一方（通常是政府）卻希望這個數字可以小一點。

　　警方單位，由於代表政府，也會傾向於淡化這些數字。也因此，我們幾乎可以預料到，每次抗議者和被抗議者聲稱的群眾規模總是差很多，有時甚至差了兩倍——取決於你問的是哪一方。

　　例如，當唐納・川普首次造訪英國時，倫敦發生了一場大規模的抗議活動。抗議者很快就聲稱有250,000人參與。

根據《獨立報》（*Independent*）的報導，警方不願給出具體數字，但承認有「超過 100,000 人」參加了遊行。

這就衍伸出了一個問題：在倫敦抗議川普的人，比 2017 年慶祝他總統就職的人多嗎？

有一個人當然覺得就職典禮的人比較多，那就是川普本人——他堅稱，規模從來沒有如此龐大。但就其他人（大多數人）所知，川普就職典禮的人數跟他的上一任總統巴拉克・歐巴馬相比，其實只有一小部分。

但到底有多少人？

有一種估算人群規模的方法很不可靠，就是從低角度觀察群眾，比如站在台上對群眾說話。在這個角度，就算是有些空地也會看起來很滿，因為根本看不到地上。考慮到這就是川普看著支持他的群眾的角度，就能了解為何他會錯估了。呃，可能吧。

專業群眾估算者會比較希望從上而下觀察人群，像是透過無人機拍攝的照片。這樣就能看見人群的擁擠程度。一般的做法，是將照片分成（舉例來說）5 平方公尺的正方形，觀察每個方形內的人群密度，然後把方形依照狀態分成從「擁擠」到幾乎沒人的幾種類別。

根據每平方公尺的人口數量，可以參考以下一些常用的群眾密度指標：

每平方公尺的人數	戶外群眾的性質
1	席地而坐／野餐的群眾（例如：戶外古典音樂會）
2	在亨曼山（Henman Hill）觀戰溫網的球迷
3	政治造勢
4	英國女王座車經過時的路障旁
5–6	偶像團體一世代（One Direction）演唱會時的最前排歌迷
>6	會令人不適，人與人會互相擠壓

但要估算川普就職的群眾，由於沒有高級的空拍照片，所以估算會十分粗略。以下是美國國家廣場（National Mall）的示意圖：

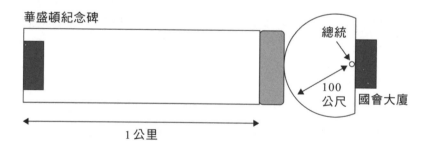

當時的群眾沒有布滿華盛頓特區的國家廣場，我們可以假設人擠人的密度沒有到最大。華盛頓國會大廈前的半圓形廣場上擠滿了人，延伸至倒影池和華盛頓紀念碑之間的直線

廣場上。

半圓形部分的半徑約為100公尺，因此其面積大致為：

$$\pi \times 100^2 \div 2 \approx 15,000\ 平方公尺$$

這個區域非常滿，很均勻，所以我們假設密度是每平方公尺3個人。這表示會有大概50,000名觀眾（以英超足球賽的觀眾來說非常多）站在川普面前。

池子另一邊的國家廣場不太擁擠──因為官方鋪上了白色地板，所以很容易看出哪裡是空的。這個長方形的走道，長約1公里（1,000公尺），寬約100公尺。所以直道的總面積是：

$$100 \times 1,000 = 100,000\ 平方公尺$$

假設這整個區域有50%群眾（我們很慷慨），而且很均勻，即每平方公尺2個人。那麼，直道區有200,000人，靠近前方的有50,000人，那麼總共可能有250,000人？（有趣的是，有個專家也估計是250,000人。）

倫敦抗議群眾的上限是250,000人，雖然結果平分秋色，但似乎川普的就職典禮更多人。

機率：掌握未來的能力

　　大家都喜歡巧合。我們本能地受它們吸引，因為人類的大腦就是用來尋找事物運作的模式。觀察到某件令人驚訝的事情時，人們總是會想要一個解釋，於是假設其中存在某種因果關係。如果缺乏明顯的有形因素（例如有人詐領彩券），那我們就會尋求超自然的解釋。

　　在尋找解釋的過程中，我們不可避免地會好奇：「機率是多少？」── 發生機會越小的事情，就會讓所有人越興奮。

　　但機率是如何計算出來的呢？如果快速估算的技巧可以派上用場，那鐵定可以用來計算機率。讓我們來細看一些巧合發生的狀況。

▍中兩次樂透的機率是多少？

　　2009年9月10日，保加利亞的樂透上了新聞頭條。四天前，開獎出來的6個數字分別是4、15、23、24、35和42。然後下一次的樂透，開獎時又抽中一模一樣的6個數字。幾乎每個人都問：「這種機率是多少？」（媒體給的答案是「大約500萬分之一」）。[6]

　　接下來將會看到一些巧合，因此我們需要做一些有用的假設，才能估算出機率。這並不是單次抽獎的結果。這種遊

戲經過精心設計，結果是完全隨機的。遊戲的條件很明確：球的數量固定（大多數樂透會在40到60顆之間），每顆球的中獎機率完全相同。

　　這表示任何6個數字的組合，發生的機率都一樣：下週英國樂透的中獎號碼可能是7、12、14、23、41和58，也同樣可能是1、2、3、4、5和6。

　　如果抽中了數字1、2、3、4、5和6，當然會變成新聞頭條，原因不是這個組合的機率比其他組合都小，而是因為這顯現出的模式更為有趣。

　　所以，報導認為保加利亞樂透連續抽中相同號碼很不尋常，也很合理。這確實是「機率百萬分之一」的事件——而我們幾乎不需要估算就能知道。

　　不過，還有其他的樂透巧合，**確實**需要我們進行一些快速估算的思考。

　　2018年6月，有個不具名的法國人在兩年內第二次在法國百萬樂透（My Millions Lotto）贏得100萬歐元。這個事件的機率，在新聞頭條上被認為是16兆分之一，以數字表示為16,000,000,000,000：1。數字變成這種大小的時候，我們通

6　作者注：有個矛盾是保加利亞樂透當時的球數量。500萬分之一是基於樂透有42顆球。有其他資料顯示，保加利亞樂透有49顆，這樣的話，發生機率會是1,400萬分之一。

常不會知道數字的意義──數百萬、數十億、數兆，它們都可以叫做天文數字（gazillion），聽起來都差不多。16兆是地球總人口數量的兩千多倍。這個數字聽起來有點怪，感覺太大了，似乎很可疑。

「16兆」是怎麼算出來的？

我們已經知道，任何數字組合贏得法國百萬樂透的機會大約是2,000萬分之一。如果要算出兩個事件同時發生的機率，比如「硬幣拋出正面，同時骰子擲到6」，那麼，只要這兩個事件是完全獨立的，我們就可以直接把它們的機率相乘（見118頁）。硬幣正面和骰子6的組合，機率是 $1/2 \times 1/6 = 1/12$。

同樣道理也適用於樂透。剛好買兩次法國樂透，而且兩次都中獎的機率是：

$$1/2{,}000 \text{萬} \times 1/2{,}000 \text{萬}$$

……也就是400兆分之一的機率──比前面16兆分之一的機率還要低得多。

但這位法國得主其實不是連續贏了兩次。他在18個月之內中了兩次獎，但在那段期間他可能還買了很多次彩券。事實上，他可能像大多數買彩券的人一樣，每週都玩。這會

大大降低機率，因為他有更多機會可以贏得兩次頭彩。

為了計算出這樣的機率，我們需要做一點猜測。

假設他每週都玩樂透。這表示他在 18 個月內玩了大約 75 場。研究一下開獎時程的組合，結果發現在 18 個月內，這個法國人可以中頭彩的兩天，有將近 3,000 組不同的組合。[7]這表示機率應該修正為：

$$\frac{1 \times 3,000}{400\ \text{兆}}$$

機率降到了 1,300 億分之一。

現在機率遠遠大於 16 兆分之一。也許提出 16 兆分之一這個數字的專家，估算的是在 18 個月（正負幾週）內有多少機會恰巧中第二次樂透。換句話說，他是在說：「有人中頭彩，然後這個人一年半之後再中一次的機率有多大？」如果你把模糊（vagueness）程度設定正確，答案是「16 兆分之一」可能就會很合理……但這個數字其實毫無意義。

而他們使用這個以兆為單位的機率時，還有一個巨大紕

7　作者注：假設有 N 個日期，而可以選擇的任兩日數量為 $1/2 \times N \times (N-1)$。在法國人的案例中，N＝75，兩日的組數共為 2,775。

漏。沒錯，就是這位先生在這個時期內中了兩次頭彩的機率問題。在他第一次中獎之前，我們根本對這個人沒興趣，因為我們知道100%一定有人會中獎。而只有當一個人變成贏家的時候，我們才會關心這個人是不是還會再中獎。換句話說，與其問：「某個人兩年內中兩次頭彩的機率有多大？」我們應該要問的是：「曾經中過一次頭彩的人，在兩年內再次中頭彩的機率有多大？」

要知道，贏得法國樂透的機率大約是2,000萬分之一。如果有個中獎者每週玩一次，那麼他在兩年內大約會有100次嘗試再次得獎的機會，所以2,000萬除以100，得出機率是20萬分之一。20萬是還滿多的，但跟我們第一次看到的16兆相比，已經相對小了。

這還是他們每週只買一張樂透的情況下。頭彩得主會有很多錢，可以隨隨便便一週就買100張彩券，用不著控制成本。或許那個法國人就是這樣——我們沒辦法知道，因為他一直不公開身分。在這種情況下，我們看出的機率只可能是幾千分之一，連幾百萬分之一都不到。

將某事件出現的第一次納入計算的這種錯誤，會讓機率聽起來更驚人，因而具有新聞價值。這就是為何報紙每次報導有趣的巧合時，總是會這樣處理。

這讓我想到一個男人的故事。有個男人很害怕飛機上有

炸彈。所以當下次搭飛機時，他嘗試把一枚炸彈帶上去。檢查人員問道：「你到底在幹什麼？」那人回答：「噢，我聽說飛機上有炸彈的機率大約是百萬分之一。所以我想自己來處理炸彈的問題──因為我算出飛機上同時出現兩枚炸彈的機率是1兆分之一。」

中樂透的確切機率

　　任何彩券中頭獎的機率都可以精確計算出來。英國樂透是從59顆球中抽出6顆球，要算出任何6顆球的特定組合的機率，要先計算從59顆球中抽出6顆球的總次數。是這樣的：

$$\frac{59!}{53! \times 6!}$$

　　在這裡，59！表示1到59的所有數的乘積，也就是59的階乘。手寫表示（省略中間的數字）會是這樣：

$$\frac{59 \times 58 \times 57 \times 56 \times 55 \times 54 \times 53 \times 52 \times \ldots \times 3 \times 2 \times 1}{53 \times 52 \times 51 \times \ldots \times 3 \times 2 \times 1 \times 6 \times 5 \times 4 \times 3 \times 2 \times 1}$$

53！可以上下消去，算式簡化為：

$$\frac{59 \times 58 \times 57 \times 56 \times 55 \times 54}{6 \times 5 \times 4 \times 3 \times 2 \times 1}$$

快速估算一下，你就會知道這個數字非常大。精確的數字實際上是：45,057,474。換句話說，你隨機抽取了6個數字，那麼在下次開獎時出現的機率大約是4,500萬分之1。

▍同時產下奧克尼群島嬰兒的機率有多大？

2018年11月13日，安吉拉・約翰斯頓（Angela Johnston）和凱倫・戴利（Karen Daily）這兩位媽媽在蘇格蘭北部的巴爾弗醫院（Balfour Hospital）產下了嬰兒。不尋常的是，這兩名女性都來自奧克尼群島的斯特朗塞島（Stronsay），這個小島上只有350人，嬰兒相對較少。更令人訝異的是，這兩名女子幾天前都搭了同一艘渡輪前往本島的醫院。兩人（完全是各自獨立地）決定，如果孩子是男生，就取名亞歷山大。讓所有人驚訝的是，兩個孩子都在晚上11點36分出生了。

「怎麼可能呢？」包含蘇格蘭BBC電台在內的很多人都打電話問我，想要我給出答案。我猜這些人認定，一定有個人有辦法對這類事件提出一個「答案」。

　　不過，正如本書中的其他估算一樣，在進行任何有意義的計算之前，我們都必須做一些假設。

　　首先，斯特朗塞島每年有多少嬰兒出生？我們來估算一下。

　　如果人口要維持穩定，而非呈增減趨勢，那每年的出生和死亡人數必須大致相同。假設人口的年齡分布很均勻，且預期壽命為 80 歲，那我們可以預期每年會有 1／80 的人口死亡。斯特朗塞島的人口是 350 人，所以在這個初步的估算中，我們應該會得到：

$$年出生數 = 350 \times 1/80 \approx 4$$

　　當然，我假設斯特朗塞的人口呈現穩定狀況，這可能有誤。況且，死亡人口也可能不是被嬰兒取代，而是移民。也因此，比較合理的假設可能是，斯特朗塞島這種島嶼每年會有兩個嬰兒誕生。好吧，假設每年**就剛好是**兩個嬰兒。

　　那麼，兩個寶寶同時出生的機率是多少？

　　一年的分鐘數為 365 × 24 × 60。

　　我們可以用 Zequals 來算。一年的分鐘數：

$$\approx 400 \times 20 \times 60 \approx 500{,}000$$

也就是五十萬。所以，如果我的假設是正確的，那麼孕婦在特定某一年內的某一分鐘分娩的機率大約是五十萬分之一。

但要記得，第一個孩子必然會在某一時刻出生。所以要計算兩個嬰兒在同一分鐘出生的機率，我們只需要考慮第二個嬰兒（就像前文在處理樂透頭彩得主與他的第二次頭彩那樣）。如上所述，第二個孩子在同一分鐘內出生的機率約為五十萬分之一。這是初步的數字。

其他因素呢？坐同一艘船去同一家醫院？這其實沒什麼好驚訝的：去內地的船可能不常開，如果孕婦的預產期相似，那她們搭同一艘船去最近的婦產科也就不足為奇了。

但話說回來，取一樣的名字？她們都打算把男孩取名為亞歷山大，這確實是個巧合。

根據最近的一次人口普查，蘇格蘭可能只有百分之一的男孩叫亞歷山大。[8]

這會讓機率變成跟中樂透差不多的範圍。

剩下一個問題。戴利太太生了⋯⋯一個女嬰。最後並沒有出現第二個亞歷山大。

---

8 作者注：根據蘇格蘭國家記錄（National Records of Scotland），2018年出生的 24,532個男嬰中，有275人名叫亞歷山大。

▌一杆兩進洞的機率是多少？

2017 年 10 月，傑恩・馬蒂（Jayne Mattey）和克萊兒・希恩（Clair Shine）在伯克郡（Berkshire）打高爾夫球。這是第 13 洞，對一些人來說這個數字不吉利，但對她們兩人來說卻不是。

傑恩先發球，令她吃驚的是，球擊中了旗桿，掉進了洞裡。這是她人生中第一次一桿進洞。然後換克萊兒打，小白球筆直地飛了出去，最後球也滾了進去，這讓她們非常驚訝。機率是多少？國家一桿進洞註冊處（National Hole-in-One Registry）的總部位於美國北卡羅萊納州，他們喜歡記錄世界各地的高爾夫球壯舉，根據他們的數據，這次事件的機率是「1,700 萬分之一」。

這跟中頭彩的機會差不多。

但一桿進洞跟頭彩有很大的不同，正如我們之前看到的，樂透彩券的機率是固定的，可以精確地計算出來，但要算一桿進洞的機率幾乎等同憑空假設。

首先，機率取決於球員。像麥克羅伊（Rory McIlroy）或老虎伍茲（Tiger Woods）這種頂尖高爾夫球員，當然比普通俱樂部球員更可能擊中旗桿。

然後是洞的距離。想一桿進洞，你要先有能力把球從

球托打到果嶺。對幾乎全體的高爾夫球手來說，這表示一桿進洞只會發生在最短的洞，也就是優秀球員需要打三桿才能進的那幾洞（稱為「三桿洞」）。這通常會是 100 到 200 公尺長。球洞越短，一桿進洞就越容易，因為瞄準的方向不會有太嚴重的誤差。

高爾夫球場通常有四個三桿洞，所以在一輪 18 洞中，一桿進洞的機會有四次。這表示，在一輪高爾夫比賽中一桿進洞的機率，比在某一特定的、已命名的球洞上的機率大約高了四倍。

「1,700 萬分之一」這個數字來自國家一桿進洞註冊處。他們根據從世界各地收集的統計數據，估計在某一特定的、已命名的球洞上，職業高爾夫球手一桿進洞的機率大約是 1/2,500，俱樂部高爾夫球手則大約是 1/12,000。因此，在給定的球洞中，我們可以假設兩個普通高爾夫女球手都一桿進洞的機率為：

$$\frac{1}{12,000} \times \frac{1}{12,000}$$

大約是 1 億 5 千萬分之一。

但進一步調查之後發現，當時因為球場正在維修，所以這一洞被縮短到只有 90 碼，這必然讓一桿進洞的機率大

為提高。而且，參與打球的女人是一組四人，我們姑且稱為
A、B、C和D。這表示兩名女人同時一桿進洞的狀況有六
組：AB、AC、AD、BC、BD和CD。如果這六組的其中之
一成功了，就會上新聞的頭條——所以我們可以再把機率乘
以6。上述因素，讓1億5千萬分之一的機率提高了不少。

　　其實，沒有人真正關心發生這種事的機率是1,700萬分
之1還是5,000萬分之1：這只是讓他們有個機會，得以報
導一些極不可能發生的事。但真的幾乎不可能嗎？我在錄製
關於這個故事的廣播節目之前[9]，覺得自己應該去一下離我最
近、位於倫敦南部的達利奇（Dulwich）的高爾夫俱樂部，看
看能不能聽到一些軼事。我跟經理聊了一下。

　　「一桿進洞？我們一年大概會碰到10次。其實，上星期
天我們這裡有個11歲孩子就得到了一張卡。」他說，然後把
他桌子上的卡片拿給我看。

　　「哦，不過如果你是要說上星期那兩位一桿進洞的女
士，那我們也不會輸。」他把我帶到他辦公室外牆上的一塊
牌匾前，上面寫著「一桿進洞，平手！」照片上有兩個微笑
的男子，他們當時在比洞賽中一桿進洞打成了平手。這件事

9　作者注：這是BBC全球服務版（BBC World Service edition）在2018年1月的《是多
　　或少》（*More or Less*），你可以在網路上找到。

發生在 1984 年。

　　也就是說，我隨便去的第一家高爾夫俱樂部，就能產生一個 2017 年四人組那種令人驚訝的故事。

　　我做了一個簡單計算：

每年在達利奇有 30,000 場比賽

每年三桿洞會有 30,000×4，約等於 100,000 洞

30 年來，3 桿洞的數量是 30×100,000 ＝ 3,000,000

　　換句話說，兩人同時一桿進洞的機會，30 年內會發生大約 300 萬次，而且至少已經發生過一次。這也證明了，這一事件發生的機率可能是幾百萬分之一。

　　但據統計，全球每年有超過 5 億場高爾夫比賽，我們可以推測兩位女士和一桿進洞的故事每年都會被重複幾次。

　　果然，事實證明這個推論沒錯。

　　為了找到更多關於伯克郡女球手一桿進洞的故事細節，我上網搜尋了「兩女高爾夫一桿進洞」這句話。第一個跳出來的，不是伯克郡女士的故事，而是幾個月前發生在北愛爾蘭的故事，兩個故事幾乎一模一樣。這次一桿進洞的是朱莉・麥基（Julie McKee）和曼迪・希金斯（Mandy Higgins），也一樣是四人組。她們的運氣被描述成百萬分之一的機率——

這正好也說明了，這些頭條新聞提供的機率有多無謂。

▌發四副「完美」手牌的機率是多少？

我們在前面已經看過一些驚人的巧合，但從表面上看，史上最驚人的巧合之一發生在 2011 年 4 月沃里克郡（Warwickshire）的金頓（Kineton）。四個沃里克郡的退休老人正在玩「惠斯特」紙牌遊戲，這是種傳統的紙牌遊戲，一副 52 張牌分別發給四名玩家，每個玩家會有 13 張牌。

一副牌洗牌後發牌。但發生了一件讓他們驚訝萬分的事——當他們拿起自己手上的牌時，四個人都發現自己拿到了一副完整的牌。

溫達・多思韋特（Wenda Douthwaite）女士已經在領養老金，她拿到全部 13 張黑桃，形容自己「目瞪口呆」。

她說：「我以前沒看過這樣的。」溫達的驚訝很合理，

因為以數學的觀點來說，在一副正常、徹底洗牌的隨機發牌中，這種情況發生的機率是極度罕見的 2,235,197,406,89 5,366,368,301,559,999 分之一。[10] 換句話說，發四手牌會有大約 2 個「octillion」（一千秭，10^{27}）種不同的牌組合，而每個玩家只有在其中一種組合中，才能得到一套完整的花色。

我們接著看看這個事件的機率有多少。

目前地球上有超過 70 億人。想像一下，給每個人一副牌，讓他們徹底洗牌，發四手牌。

讓所有人每分鐘發一次，每小時會發 60 次。每天會有 9 小時用來吃飯跟睡覺，這樣一來，所有人每天都剩下 15 小時可以打牌。

他們可以發的牌是：

$$15 \times 60 = 每人每天發 900 次牌。$$

因此，全人類一年會發：

10　作者注：由彼得‧羅萊特（Peter Rowlett）在 2013 年 11 月的《非週期性》（Aperiodical）上計算出。

900×70 億 $\times 365$

$\approx$ 每年發了 $2\,quadrillion$（即 2×10^{15}）次牌

就算每次發牌的結果都不重複，要發完所有可能的四副惠斯特牌需要：

$$2 \times 10^{27} / 2 \times 10^{15} \approx 10^{12} = 1 兆年$$

科學家們預測，太陽系將在 80 億年後毀滅，所以我們可以肯定地說，以這樣的機率來看，那種完美手牌不但不太可能在撲克牌歷史上出現過──就算地球上每個人每五分鐘洗一次牌，這種情形在宇宙終結之前也不太可能再次發生。

這個結果很奇怪。因為在 1998 年，在薩福克郡（Suffolk）的巴克勒舍姆（Bucklesham），四個退休老人在玩橋牌時也碰到了相同的巧合。希爾達・高汀（Hilda Golding）是當時參與的其中一人，她說：「我當時嚇呆了。我打了 40 多年，從來沒有見過這樣的。」

如果你找找資料，會發現還有類似事件的其他報導：1938 年 3 月在美國賓州，1949 年 7 月在維吉尼亞州，1963 年 4 月在懷俄明州，還有更多。在四人撲克遊戲發出完美手牌的報導中，有一則發生在倫敦聖詹姆士俱樂部（St James'

Club），時間在 1959 年……4 月 1 日。這是個有點蹊蹺的日子。

關鍵在於，其中每一個例子都被當作是宇宙歷史上前無古人、後無來者。但這些數字並沒有意義：這些巧合發生的可能性是如此之小，所以我們可以合理認為這根本不可能。

既然數字沒有意義，卻發生了，這必然有另一種解釋。有兩種可能。

第一種是發牌時沒有完全隨機洗牌。一副新牌的順序，會按花色整齊排列—— 先是黑桃，然後是紅心、梅花和方塊。如果把一副牌剛好切成兩半，然後做兩次完美的洗牌，這樣兩邊的牌就會完美地相互交錯。這樣一來，這副新牌會按照順序排列：黑桃，梅花，紅心，方塊，黑桃，梅花，紅心，方塊，以此類推，整副牌都是這樣。如果把這樣洗好的牌，分別發給四人，第一名玩家會拿到全部的黑桃，第二名玩家會拿到全部的梅花，以此類推。事情未必就是如此，但這是有可能發生的。

就算已經洗牌，但在這輪結束收牌時，所有牌還是可能按花色組合來排列。

我們至少要好好（但不完美）地洗七次牌，才有理由相信牌已經洗得很均勻。即使如此，也還是可能留下上一輪的一些模式痕跡（像是連續好幾張黑桃）。

所以，在這些嚇人的發牌故事裡，很有可能就算洗牌，

發牌的順序根本也不是「隨機」的。雖然「完美發牌」確實極其罕見，但只要撲克牌有一絲順序在，那麼發生這種情況的可能性就會比完全混合的情況高許多。

還有第二種可能的解釋。如果有人愛惡作劇，要在玩家不知道的情況下安排牌的順序會很難嗎？魔術師很容易就能做到——通常是換了另一副牌，藉由轉移玩家的注意力進行調包。如果其中有個玩家是老千，那就更簡單了。像是4月1日發生在那家紳士俱樂部的巧合，我覺得背後作假的可能性真的很高。

這裡有點矛盾。巧合越不可能發生，我們就越有理由相信事情並非表面那樣。想像一下，投擲硬幣結果連續10次得到正面。這多少會令人驚訝與不安。這種情況的發生機率是：

$$\frac{1}{2} \times \frac{1}{2} \times \frac{1}{2} \times \frac{1}{2} \times \frac{1}{2} \times \frac{1}{2} \times \frac{1}{2} \times \frac{1}{2} \times \frac{1}{2} \times \frac{1}{2}$$
$$= \left(\frac{1}{2}\right)^{10} \approx 1,000 \text{ 分之一}$$

但如果你又繼續拋硬幣，結果出現了90次正面，也就是你現在已經連續得到100次正面。這種隨機發生的機率是$(1/2)^{100}$，也就是「百萬秭」（10^{30}）分之一。那麼，下一次拋硬幣是正面的機率是多少？標準機率論會告訴你，再一

次正面的機率仍然是1/2。但到目前為止，連續得到100次正面的機率非常小，這表示還可能發生其他狀況。這枚硬幣是兩面都一樣的機率是多少？還是你每次拋硬幣的方式都一樣，所以它每次都用相同方式翻出正面？還是說你被催眠了，以為硬幣正面朝上，但其實不是？這些情況當然都不太可能，卻比用公平硬幣進行公平投擲的極低可能性要大得多。

這麼說吧——如果我拋一枚硬幣100次，每次都是正面，你問我：「下一次拋硬幣也是正面的機率是多少？」我的回答會是：「幾乎百分之百。」

更重要的問題：能源、氣候和環境

現代人生活最切身的要務之一，就是地球的未來以及我們如何對待它。專家們建立了複雜的電腦模型來預測氣候變化，但預測結果仍相當不精確，由此可知，沒人能確切知道氣候變化的影響。

然而，科學家對於氣候變遷的解決方案是一致的：減少二氧化碳和甲烷的排放（部分是透過節約能源），減少我們造成的垃圾量，假如是無法避免的垃圾，那就盡可能回收利用。粗略的計算可以幫助我們了解問題的規模，以及解決問

題的優先策略。

▎家裡什麼最耗能？

為了使全球暖化現象趨緩，我們應當透過節約能源來貢獻自己的一份力量。是時候想想如何減少個人用電了。

假如你一個人住在公寓裡。有一台裝滿食物的冰箱，一台平常待機的大電視，你每天早上會洗三分鐘的澡，然後每天煮四次開水，用來泡咖啡、茶和其他必需品。

你認為哪一項會在24小時內消耗最多能量？

（a）冰箱
（b）待機中的電視
（c）淋浴
（d）熱水壺

在節目上，有一個選項在大多數觀眾中特別受歡迎，那就是待機電視。可能有兩個不同的原因。

首先，我曾聽過一種說法，即待機狀態下的電視耗電量遠大於你的想像。另一個原因，是因為回答者想破解提問者的把戲（「答案應該爆冷門，所以我會選這一個」）。

事實上，四個選項中唯一絕對不會消耗最大能源的，

就是待機中的電視。很多年前,電視在待機狀態時確實會非常耗電(電視會變得很熱,消耗許多能量),但那個時代已經過去了。一台待機狀態的電視如今只會用到 1 到 2 瓦的功率,這跟一般燈泡比只是少量。

至於何者會消耗最大能源,則要視情況而定。

一般(無冷凍庫的)冰箱通常大約是 50 瓦的功率,跟一般的燈泡沒差多少,真正的消耗取決於運轉程度(冰箱在大熱天需要更多能源)和效率。冰箱真正耗能的時間可能只有半天,所以:

$$50w \times 12 \text{ 小時}$$
$$= 600 \text{ 瓦小時}$$
$$\sim \text{每天 } \frac{1}{2} \text{ 度(千瓦小時)}$$

一般的熱水壺功率是 2 千瓦。如果把水煮到沸騰需要三分鐘(二十分之一小時),那麼每次燒開的水就要消耗 1/10 度,如果我們每天煮四次,那就是:

$$\frac{1}{10} \times 4 = \frac{4}{10} = \text{每天 } \frac{2}{5} \text{ 度}$$

但如果水壺裝得很滿,可能就需要更長時間來煮沸,這

樣一來我們每天煮水會很常超過 1/2 度。

　　那麼淋浴呢？如果你煮了四壺水，把熱水倒入一個水箱裡，然後接上冷水龍頭混合，這樣水就會變溫，而不是滾水。這樣的水夠你洗多久呢？大概一兩分鐘吧？所以，洗一次熱水澡所需的能量，跟煮四壺開水所需的能量差不了多少。

　　最大的能量消耗者，可能是這三種電器中的任何一種——取決於天氣有多熱、水壺裡的水有多滿、淋浴需要多久。就數量級而言，這三者其實可以看作是一樣的。

　　然而，還有另一種日常「設備」在正常情況下，會消耗更高數量級的能量，那就是汽車。如果你發動車子，用時速 30 到 40 公里的速度在市區行駛，那麼，在紅綠燈處的停車和加速，能量消耗（或電力）平均約為 20 千瓦。換句話說，開車大概相當於按下 10 個熱水壺的開關，讓它們在你的整個旅程中沸騰。30 分鐘的車程消耗的能源，會比你所有的家電加起來還多。當你開車接送小孩上下課的時候，這是值得思考的事實。至於飛往伊比沙島的那些飛機……。

▌一生要用多少個水壺？

　　意識到我們每天使用的許多產品都是一次性的，實在是一個當頭棒喝。我家附近有兩家至少開了 10 年的維修店倒

閉了（一家專修電視機，另一家修的是吸塵器）。如今，如果電視或吸塵器壞了我們就扔掉。我們每年扔掉的「東西」的數量龐大到難以置信。

　　舉一個簡單的家庭用品為例：我們在上一小節看到的水壺。小時候，我們家有一個放在瓦斯爐上的鋁製水壺。我的整個童年都用這個水壺來泡茶。但我離家之後，就跟多數人一樣，都用著電水壺。水壺，是一種你可能會「一輩子」都有的東西。那一輩子會用到多少水壺呢？

　　我已經結婚20年了，水壺是我們結婚時的禮物之一（現在大家的結婚禮物還有水壺嗎？）。遺憾的是，那個水壺只用了幾年——請別告訴送我們水壺的人。從第一個水壺壞了之後，我們到現在已經用了第5個。是我們運氣不好，還是這其實表示現在一個水壺只能用三到四年？如果我們假設大人才負責買熱水壺（小孩子只是既得利益者），那麼似乎活到80歲的人在他們的成年生活裡，很可能會用到20個水壺。好吧，一個家庭通常不只有一個成年人，所以應該改成每個家庭可能會用20個水壺，而不是每個人——但如果我祖母那一代人看到現代人一生中使用電器的速度，他們絕對會大吃一驚。

　　在這個社會，大約是過去30年左右，我們已經習慣了使用壽命很短的一次性家庭用品這種模式。我們很難想像昔

日的生活，但可以來看看未來 100 年後的樣子。按照這種發展速度……

在英國有 3,000 萬個家庭

100 年 ÷4 年一個熱水壺＝每個家庭 25 個熱水壺

3,000 萬 ×25 ＝ 7.5 億個熱水壺

……到那個時候，我們將會用掉接近 10 億個水壺。這還只是在英國。

假如這真的發生了。幸運的話，大部分的金屬會被回收利用，但剩下的會被埋在某個地方的垃圾掩埋場。

這可以一直持續嗎？當然不行。那麼 500 年後呢？我們很難想像那時的生活會是什麼樣子，但在那之前，我們的生活與消費方式必然早已發生翻天覆地的變化。

▌倫敦的廁所每天沖掉多少自來水？

現代生活裡有種被低估的奢侈品，就是我們似乎隨時都取之不盡的可飲用自來水。但經過一些有成本的處理之後，大量自來水幾乎都被直接沖走了。不過到底沖走了多少？

倫敦白天的人口大約有 1,000 萬，這是包括在倫敦上班的人。我們可以肯定地說，每個人一天都至少會上一次廁

所，還可能是五次或更多。所以大致可以推測，倫敦每天上廁所的人次有5,000萬人。

思考一下實際狀況（但別花太多時間）——所有在「女廁」的人次都會個別進行沖水，但可能只有25%的「男廁」人次會沖水（大多數會使用小便池）。所以我們發現：

2,500萬次的女廁沖水
2,500萬次 ×0.25的男廁沖水
～每日沖水共約 3,000萬次。

沖水一次會有多少水流進下水道？英國每個郵政編碼區[11]的廁所用水量都不一樣，但想像一下，馬桶的水箱只用一公升的罐子來裝會如何——就算是最環保的沖水馬桶也會需要用三到四公升的水。所以保守估計，單單倫敦一個城市每天就會沖走100個一百萬公升的水，而且真實數字可能還高得多。

100個一百萬公升等於0.1個十億公升。從這個角度來看，一個奧林匹克運動會的游泳池容量約為250萬公升，所以倫敦每天沖掉的馬桶水相當於100個奧運游泳池——也就

11　作者注：倫敦市中心包含WC1到WC2等不同的郵政編碼。

是一個小湖泊的大小。

當然，水本身對環境是中性的。但無可避免地，由於建造水庫、修建水壩和抽水都會改變河流方向，所以必然會干擾自然環境。而在乾旱時期，人類使用的則是原本屬於其他動植物的水。

▌牛和人類──誰排放的甲烷最多？

關於廢物排放的問題，讓我們來談談乳牛。為什麼？因為甲烷。

甲烷是最嚴重的溫室氣體之一：事實上，科學家估計，以 20 年的時間區間來看，甲烷在大氣中吸收的熱量是等量的二氧化碳的 100 倍。

甲烷在地球大氣中的驚人增長，很大程度上肇因於乳牛，尤其是肉牛，牠們在消化牧草時產生了大量的甲烷氣體。（跟一般認知相反，牠們製造甲烷主要是通過打嗝而不是排氣。）也因此，人類可能需要迫切減少全球牛肉消費。

一頭乳牛平均每天會製造 200 到 500 升甲烷（這個數字差異很大，我覺得根本沒辦法估算，所以查了一下──結果發現就連官方引用的數字也有很大差異）。

乳牛並不是唯一產生甲烷的生物。每一種生物在消化或分解過程中都會產生甲烷，也包含人類。在湯姆林（J.

Tomlin）、洛伊斯（C. Lowis）和里德（N.W. Read）發表的開創性論文《健康志願者的普遍放屁調查》（*Investigation of Normal Flatus Production in Healthy Volunteers'*）中（呃，你竟然沒讀過這篇論文？），作者發現一個人如果一天平均吃200克茄汁焗豆，會產生大約15毫升的甲烷。對照前文，要知道，乳牛製造的甲烷是每天數百升。所以平均一頭乳牛的製造量是一般人的一千多倍。

人的數量當然比牛多很多（在英國，是牛的7倍），不過這依然表示，乳牛的甲烷總排放量比人類高出數百倍。雖然其他國家的比例會不一樣，但我們可以合理推測全球的情況差不多：甲烷問題主要是乳牛造成的。

不過這世界上有數十億人，那麼人類放的屁對全球甲烷的量有多大的貢獻？

15 mL × 80 億人 ≈ 每日 1 億升

這大約可以填滿倫敦的阿爾伯特音樂廳（Albert Hall），或者雪梨歌劇院的主音樂廳，或者（剛剛好）是一個維多利亞時代的舊型煤氣鼓，你現在還是可以在英國某些地方看到它們的蹤影。

▍現在天空中有多少架飛機？

2016年，英國廣播公司播出了一部很棒的紀錄片《天空之城》（*City in the Sky*）。共有三集，由漢娜・弗萊（Hannah Fry）和達拉斯・坎貝爾（Dallas Campbell）主持。片中揭露，無論何時都有100萬人在搭飛機。這個數字似乎很驚人——有成千上萬架飛機同時在空中飛行，然後每一架排放一堆二氧化碳到大氣裡面。但這個數字是真的嗎？

每天可能多少會看到幾架飛機從頭頂飛過，但如果說這是100萬人在全球飛行的縮影，那可能有點離譜（至少對我的想像力來說是如此）。

你可能會先從那些非常繁忙的機場開始估算。我最熟悉的是倫敦蓋威克機場（Gatwick Airport）。從候機樓往外看，不用等太久就可以看到飛機起飛，我猜每分鐘就有一架飛機起飛。這些飛機可能會在空中停留30分鐘到15小時，但平均的飛行時間是多少？也許是兩個小時？

所以，假設每架蓋威克機場的飛機在空中飛行120分鐘，且蓋威克機場每分鐘會有一架飛機起飛、另一架先前起飛的正在降落——這表示無論何時都有大約120架蓋威克機場的飛機在空中飛行。不過，飛機起飛的頻率並不是一天24小時都如出一轍。

　　由於有噪音管制，機場從深夜到清晨的活動很有限。所以我們把數字減半，先假設，在蓋威克這種規模的機場無論何時都有50架飛機在飛行。

　　倫敦希思羅機場（Heathrow）比蓋威克更繁忙，但如果考量到英國其他地方的機場，航班數量會隨著規模變小而減少。我們是否可以合理推測，在英國飛行中的飛機相當於五個蓋威克機場的飛機數量？這表示，任何時候都會有250架從英國起飛的飛機在空中飛行。

　　國際航線的數量可能跟國家的經濟規模有關。毫無疑問，富裕國家和人口眾多的國家會比貧窮的小國使用更多的航班。美國人口是英國的五倍，而且更富有。國土面積也比較大，這會增加美國人對飛機的需求。所以如果英國有250架飛機在空中，那麼美國至少會有3,000架。世界上大約200個其他國家中，除了少數幾個，我們可能可以忽略幾乎所有國家，只計算最大的經濟體。假設其他國家相當於10個美國呢？這表示，無論何時都會有大約30,000架飛機在空中飛行。如果一架飛機上平均有50人，我們可以得出：

50名乘客 ×30,000架飛機
＝150萬名飛行中的乘客

這個結果和《天空之城》紀錄片中的描述是差不多的。

根據網路上公開的各種空中交通「官方」數據，實際在空中飛行的飛機數量在 5,000 到 10,000 架之間（還不包括私人和軍用飛機），這樣看來 30,000 架是大大高估了。但就算是保守的估計，我們談的也是成千上萬人、數百萬噸的金屬在我們頭頂上的天際飛行。這個過程會有大量的二氧化碳排入大氣。

▌我們能種一兆棵樹嗎？

根據美國國家海洋和大氣管理局（National Oceanic and Atmospheric Administration）的數據，大氣中的二氧化碳含量在過去 70 年內，增加了至少 25%。而人類在這一百多年來，已經知道大氣中的二氧化碳會使溫室效應加劇，進而導致全球暖化。

減少大氣中碳含量的一種方法是種樹，因為這些植物會吸收氣體。一棵成熟的樹木，可以鎖住多達一噸的二氧化碳。但人類每年需要多少棵樹，才能抵消製造的二氧化碳呢？

2017 年，包括世界自然基金會（World Wide Fund for Nature）在內的一些保護組織發起了名為「一兆棵樹」的運動，概念是在 2050 年將全球樹木的數量增加一兆。他們認

為這可以彌補目前全球的二氧化碳排放量。這個目標相當有挑戰性，而且立意崇高——雖然不是所有人都認同這種說法，但這種大規模種樹本身就值得了。

至於一**兆**棵樹？我們要如何理解這個數字呢？

要著手進行這件事，可以先考慮一些熟悉的林地或人工林。我在柴郡的德拉米爾森林（Delamere Forest）附近長大。森林裡面大部分都是年輕的針葉樹。在森林裡樹木最密集的區域，我猜測樹木之間至少會有幾公尺的間隔。如果是這種矩形的網格，表示一公頃土地（即100平方公尺）可能包含：

$$50 \times 50 = 2,500 \text{ 棵樹。}$$

一平方公里有25萬棵樹，所以我們可以推測4平方公里（即2公里×2公里的正方形區域）大約有一百萬棵樹。這聽起來很多，但要知道，一兆可是一**百萬**的一百萬倍。

根據我的粗略估算，要達到一兆棵樹的目標，我們需要：

$$4 \times 1,000,000 = 4,000,000 \text{ 平方公里}$$

為了種一兆棵樹的目標，讓我們把這個數字跟我們已知

的地區比較一下。

　　整個威爾斯的面積約為 2 萬平方公里；法國的面積略高於 50 萬平方公里；印度則大約是 300 萬平方公里。[12] 所以，我們所談的那個新森林，大小差不多等同於二十個威爾斯，八個法國或一個印度多一點。你可以自己判斷，這聽起來是多還是少。

　　還可以用另一種方式看待一兆這個數字。地球上有 70 億人口，這表示我們需要：

$$1兆 \div 70億 \approx 100 棵樹$$

　　這是每個地球人都要種的數量。

　　自然而然，下一個問題會是：我們要把這些樹種在哪？又由誰來種？

天馬行空的費米妙問

　　我們已經看到了很多案例，知道許多簡單計算就可以帶來真實好處——不管是要判斷某個商業計畫的可行性、了解

12　譯者注：台灣面積約為 3.6 萬平方公里。

人類對環境的影響，還是要驗證政治人物的統計說法。

但我們不需要就卡在這。很多費米問題只是奇思妙想，對於那些好奇心旺盛的人來說，不過是偶然的探索。

有些人之所以喜歡費米問題，是將它看成一種腦力鍛鍊，或者用來在排隊的時候消磨時間。

我從小就被這種思考方式吸引，所以只要我們家有機會坐著等待某個活動開始（戲劇或板球比賽都好），我父親總是會問以下這類的開放式問題，「今天有多少人在這裡」或「我想知道票房是多少」。

也因此，本著這種無所事事的好奇心，以及想鍛鍊估算技能的精神，本書最後提供了一些費米問題——這些問題可能沒有實際的好處，卻各自有著獨特的魅力。

▌數到一百萬要多久？

有小孩的人或許會在一種時刻感覺到喜悅。就是當小孩開始學會數數，然後發現自己理論上可以一直數下去的時候。他們到底可以數到多少？

你可以試著用「正常」速度大聲數數：一、二、三、四⋯⋯或許每秒鐘可以數出兩個數字。這表示你每分鐘可以數到 100，10 分鐘內可以數到 1,000，10,000 分鐘內可以數到一百萬（如果你始終都保持清醒，大約需要 7 天）。嗯，

不過⋯⋯數到很大的數字需要更久的時間。

舉例來說，從243,100開始數：一分鐘可以數多少？不會是每秒兩個數字，你現在可能念出一個數字就需要至少兩秒——這是原本速度的四分之一。

在數到一百萬的過程中，絕大部分的數字都有長而多的音節，所以可以合理推測，每個數字大約需要念2秒，加總就是兩百萬秒。就算念的人不睡覺，數到一百萬也需要大約25天（差不多一個月）。

如果是美國人，可能會省去一點時間，因為他們在口語數字中不會使用「and」這個詞。同樣都是1,204，英國人說的是「One thousand two hundred and four」，美國人說的是「one thousand two hundred four」。我推測這應該可以省下5%左右的說話時間。[13]

美國阿拉巴馬州伯明罕（Birmingham）的傑瑞明・哈伯（Jeremy Harper）是數到最大數字的世界紀錄保持人。哈伯在2007年夏天從一數到一百萬。他花了不到三個月。我們推測不眠不休需要念一整個月——考量到一個人需要睡覺、吃飯和保持腦袋清楚。令人驚訝的是，哈伯只花了估計值的三倍。

13　作者注：法國人就更簡練了，1,204是 *mille deux cents quatre*。

有人可以比這個數到更多嗎？還有個人在努力。

最愛數數的外西凡尼亞布偶伯爵有一個推特帳號。[14]
他每天都會數一個數字，有時候一天會數兩個數，甚至三個
數。我上次看，他才數到 2,000 出頭。那麼，他要花多久才
能數到一百萬？以他的速度去算，大約需要 500,000 天，也
就是 1,000 多年（500,000÷365）。但他還沒有放棄。

他當然可以繼續數下去，直到⋯⋯直到他的推文超過
280 字的限制。但那會持續多久呢？

由於伯爵用的是美式的數數方式，所以他不用擔心
「and」。我們假設每多三個零，他所用的單位就會變大，從
billion（十億）到 trillion（兆）再到 quadrillion（千兆）。

伯爵能數到多少，限制其實不是數字的大小。畢竟，就
連 90,000,000,000,000,000,000,000,000,000 這個數字都可以
只用 17 個字元寫出來：Ninety octillion!（伯爵總是在推文
後面加上驚嘆號）

但他在數到 90 octillion 之前，就會先碰到超過 Twitter
限制字數的數字。舉例來說，我們可以隨便找個比 90
octillion 小 20,000 倍以上的數字——3,865,497,871,750,829,

---

14   編注：伯爵（Count von Count）是《芝麻街》（*Sesame Street*）中的布偶角色，是羅
      馬尼亞人。外西凡尼亞為羅馬尼亞地名。

425,934,673。這個數字用伯爵的寫法需要285個字元，全稱是：Three septillion eight hundred sixty-five sextillion four hundred ninety-seven quintillion eight hundred seventy-one quadrillion seven hundred fifty trillion eight hundred twenty-nine billion four hundred twenty-five million nine hundred thirty-four thousand six hundred seventy-three!

那麼，打破推特限制的最小數字是多少？為了找出答案，我們要知道，這個數字必須是用到最多字母的數字：7（seven）和70（seventy）。你可能會想在看答案之前，先試看看能不能準確地找到它（提示：單位是sextillion）。

別忘了沒有逗號，伯爵都是用驚嘆號結束。答案在本書的203頁。

伯爵要花多久才能數到這裡？假如他每天數兩個數字，這會需要超過50 sextillion天，大約100 quintillion年。我先前提過，宇宙很可能在未來幾十億年內終結，所以我認為，伯爵絕對不會碰到Twitter字數限制的這個問題。

▋青少年一年內會說幾次「like」？

你有試過認真聽別人說話嗎？我指的是人們說出口的那些話中使用的詞彙。這很有趣，雖然對話看似流暢，實際上卻都充滿停頓、修正和所謂的填充詞。我最有興趣的部

分就是填充詞，因為人們太常使用：像「嗯」、「你知道」、「呃」、「基本上」這種詞，以及有很多人都討厭的「like」（像／喜歡／讚）。[15]

「like」在英語文化中已經流行了20多年，尤其是在英國和美國的青少年之間相當盛行。實際上，我甚至想直接斷定，某些人說這個詞的頻率比其他英文單字都高，甚至高於前10名常用詞：the、of、and、to、a、in、is、you、are還有for。

不過，假如是一個「典型的」健談美國青少年，他一年會說多少次這個詞呢？

為了估算，我們需要先準備一些數據——這表示我們要從真實的對話取材。一種方法是在排隊等公車的人群裡偷聽，那裡很多素材。或者，你也可以跟我一樣到YouTube上找一個聊天的頻道。以下是兩個人的對話片段：

> A：「你沒發現（某某）**像**是有三種聲音？她正常說話的聲音像：『嗨，大家好嗎？』然後她**好像**發火也有種聲音，**像**『喲！——**像**這樣——別再來了喔』，

15　作者注：語言學家認為「like」是一種**話語標記**，而且發現它在言語上比「嗯」和「呃」等填充詞更重要。可參考這篇研究：尚・翠伊（Jean Fox Tree）的《敘事中的像》（*Placing like in telling stories*）。

還有她有種可愛的聲音，**好像**〔傻乎乎地模仿〕一
隻小兔兔。」

B：「**我喜歡**她可愛的聲音。」

這段精力充沛的對話持續了15秒，一共說了63個英文
單字，其中like出現了7次。在對話中，like並不都是填充
詞，有時當作介詞（「**像**一隻小兔兔」），有時當動詞（「**我喜
歡**她可愛的聲音」）。不過在計算說的次數時，這些用法都
一樣重要。

在上述英文的對話片段中，like的出現佔了所有詞的
10%以上。我把這個數字稱為「like商數」。like商數為10%
的狀況並不罕見——假如你剛好認識一個很常說like的人，
很可能就是這個比例。我的非正式調查顯示，like大概會占
說話字詞的五分之一，也就是20%——但就算是最愛用like
的那些人也不會在所有場合說話都保持20%的比例。此外，
也有許多青少年幾乎不說like這個詞。

來計算看看，一個愛說話的青少年的like商數為10%。
讓我們假設：

• 平均對話的速度約是每分鐘說100個英文單字。

• 最健談的青少年在大家聊天時（不管總人數是兩個、

三個還是更多），大約有一半時間都在說話。所以，這個愛說話的青少年每分鐘會說50個單字，然後以10%的like商數來計算，每分鐘會說5次like。

　　這個愛聊天的青少年每天會聊多久的天？從家裡到學校的往返時間，他可能會聊天一小時。然後再計算其他聊天時間，像是午休和其他社交時間。應該差不多是三個小時，我們可以這樣算：

每天200分鐘 × 每分鐘5次 like
＝每天1,000次 like
每年1000×365天 ～ 每年400,000次 like

　　兩年就快說到一百萬次了！

　　至於超級愛說like的人，就算每年說了一百萬次，我也一點都不會驚訝。

　　哇。

一支鉛筆可以畫多長的線

《發現雜誌》（*Discover*）在2007年聲稱，一支普通鉛筆可以寫45,000個英文單字，或者畫出35英里長的線。在那之後，這兩個說法被引用了無數次，包括英國廣播公司的老牌問答節目《QI》（*Quite Interesting*）。不過這是真的嗎？《發現雜誌》發表那篇文章後不久，美國賓州的基斯・愛爾德雷德（Keith Eldred）便號召了一個名為「寫一隻知更鳥」（to Write a Mockingbird）的計畫，想藉此測試這個45,000個單字的說法。愛爾德雷德找來了26人進行抄錄，這組人將使用一支標準的黃色鉛筆（相當於英國的HB鉛筆）來抄下哈波・李的整本經典小說《梅崗城故事》（*To Kill a Mockingbird*）。

這個小組花了100多個小時寫完整本書，最後他們一共使用100,388個單字。鉛筆還剩下1.25英寸長，理論上還可以再多寫20,000個單字。這個證據很有說服力，證明一支鉛筆可以寫的單字絕對超過45,000個。不過，這個團隊用的鉛筆超過了一般鉛筆的實際長度，而且他們削筆的時候非常小心，避免浪費太多石墨，所以在實務上，一支普通鉛筆可以寫45,000個單字的說法似乎還算是合理。

不過，可以「畫出35英里直線」的說法就很可疑了。以下有個方法可以驗證。

假設一支鉛筆可以寫50,000個英文單字,那麼,每個單字裡有多少「線」?我們需要知道每一個單字平均需要多長的線段。在測量盲打的速度時,是根據每5個字母的速度來衡量,這似乎很合理。但每一個單字有多長呢?我用一支短尺量測之後發現,我寫每一個字母會用到5至10公釐的線段。假設平均每個字母是8公釐,大家都知道一個英文單字平均約有5個字母,所以相當於:

$$5 \times 8 = 40 \text{ 公釐} = 0.04 \text{ 公尺}$$

50,000個單字 × 0.04公尺 = 2,000公尺,也就是略長於1英里。即使我們能寫出10萬個單字,讓長度變成2英里,這和35英里的說法還是有個數量級的差距。

那麼,**有沒有辦法**讓鉛筆畫出一條35英里長的線?

讓鉛筆用得更久的一個策略,就是不要寫太用力。如果筆尖是尖銳的(線會更細),就能用較少的石墨,但還有個問題:削鉛筆會浪費大量的石墨。如下圖所示,我們削鉛筆的過程是把圓柱體削成圓錐體,如下圖所示,我們可以用些簡單的計算看出,在削鉛筆的過程中,有至少三分之二的石墨被當成垃圾。而實際上,浪費的比例可能高達90%。

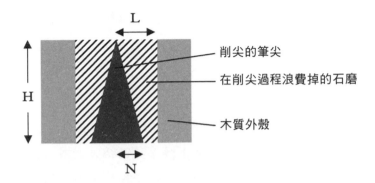

削尖的筆尖

在削尖過程浪費掉的石磨

木質外殼

浪費的石墨量，是一整管筆芯體積(= πL^2H)減去削尖的圓錐形筆尖體積(= $1/3 \pi N^2H$)，就算 $N = L$，也浪費了三分之二的石墨。

所以如果你想更有效率地使用一支鉛筆，就需要盡可能找到一個會削掉最少石墨的削筆器。當然，最好的方法是使用根本不用削的自動鉛筆。這樣真能畫出一條35英里長的線嗎？幾乎不可能。但至少能讓你畫出原本的兩倍長。

你是理查三世的後裔嗎？

2012年8月，一支考古學家團隊在萊斯特城（Leicester）市中心的停車場挖掘時發現了一具骨架。

隨後進行的DNA檢驗證實，他們找到的骨骸正是失蹤已久的理查三世（Richard III），這位英格蘭國王被莎士比亞

塑造成臭名昭著的惡棍，還被指控為了掌權，不惜在倫敦塔謀殺了年輕的侄子。這位約克王朝的末代國王在博斯沃思戰役（Battle of Bosworth）中被亨利七世（Henry Tudor）擊敗並殺害。

這份重新發現理查遺骨的喜悅，很快就引發了一場爭論，主題是應該要在哪裡將他下葬。萊斯特人覺得理查應該要葬在萊斯特大教堂——很接近他被發現的地方。但有一小群人，以金雀花王朝聯盟（Plantagenet Alliance）的名義，宣稱他們是理查三世的後代，有權決定祖先的埋葬地點。他們想把理查葬在約克（York）。

這個故事讓我很驚訝，畢竟已經過了500年，我猜測希望介入的「後代」可能至少超過15人。[16]於是我用Google調查了理查的家族，並開始在信封背面做一些計算。

以下是我的發現。

理查三世有三個小孩，但他唯一的合法繼承人很小的時候就夭折了，另外兩個（都是私生子）則據說沒有留下任何後代。也就是說，現在沒有任何已知的理查三世直系後裔。所以那些代表他的後代，實際上應該是他侄子和侄女的後代。

16　譯者注：官方文件顯示該團體人數介於15至40人之間。

理查有五個兄弟姐妹，以及許多侄子與侄女（不過莎士比亞認為他殺了其中兩個，即著名的倫敦塔中王子〔Princes in the Tower〕）。理查三世的大姐安妮有個女兒，這個女兒生了11個小孩，他其中一個外甥女也生了11個，所以幾代之後理查三世的親屬數量應該會有很多。

我們假設每個倖存的後代都活到了生養孩子的年齡，並且生了兩個孩子，然後每一代大約間隔25年。在理查死後的500多年，大約會有20代，所以如果後代沒有彼此通婚，到現代他侄女和侄子的後代大約會有 2^{20} 個，也就是約一百萬個。

這還只是保守估計。如果有超過兩個孩子活下來，比方說每一代有2.3個孩子存活（對於望族來說這是低估了，因為他們能得到更充足的營養，存活率更高），後代的數量將暴增到令人難以置信的1,700萬──這是我們在第27頁談到的「敏感度」的一個案例。

但我們知道遠房表親的通婚在所難免。當你檢視理查家族的族譜，你會發現很多人都跟遠房表親共結連理，而這會大幅降低1,700萬這個數字，但我們可以合理假設：至少有100萬人是理查三世的手足的後代。杜倫大學（Durham University）的安德魯・米勒德（Andrew Millard）博士為了證明此一說，還寫了一篇論文。他說，如果你有任何英國血統，

你很可能就是理查的曾曾曾曾祖父——愛德華三世（King Edward III）的後裔。如果愛德華三世的子孫如此多，那麼理查三世是你祖先的機率一定也很高。

那我怎麼看這個案子？由於有英國血統的人都可能是理查三世的親戚，金雀花王朝聯盟和所有英國人一樣，都沒有權利決定理查三世的埋葬地點。三位高等法院法官的觀點跟我差不多，所以在司法審查時駁回了案件。這是粗略計算的一次勝利（不過社會成本高昂：花了約20萬英鎊的納稅錢）。[17]

▌在墨西哥城可以把鉛球擲多遠？

你可能會認為，不管在哪裡擲鉛球都沒有差別。（好吧……假如你要丟出最大距離，我覺得去艾菲爾鐵塔最上面會很不錯——但姑且先假設是在平坦的地面上擲鉛球。）

不過，事實證明有兩個因素會大大影響拋射物的飛行距離：空氣密度（影響空氣阻力）和重力。

著名的例證發生在1971年，當時阿波羅14號的指揮官艾倫・雪帕德（Alan Shepard）站在月球上表演了一項令人難

17　作者注：據報導，英國司法部花費了90,000英鎊的行政費用，萊斯特議會花費了85,000英鎊的律師費。

忘的特技。月球的引力約為地球的六分之一，空氣阻力幾乎
為零。雪帕德設法把高爾夫球桿的頭和幾顆高爾夫球偷偷帶
到了宇宙飛船上。他在月球上隨便做了一根球桿，正如他所
說，他用單臂揮杆成功把其中一顆球打出了「很遠很遠」。
他後來給出一個更實際的數字，就是打出「超過200碼」。
如果用正常的球桿加上雙臂揮杆，根據估計，月球上的太空
人可以輕鬆把球打到一英里以外。

　　讓我們回到地球。我們無法避開空氣阻力，但大氣密度
會隨著海拔高度而有變化。南非桌山（Table Mountain）山頂
的空氣阻力比死海小。因此，假設其他條件相同，在平坦的
山頂上拋射鉛球的距離，會比在海平面高度用同樣速度擲出
的鉛球距離要遠一點。但差異並不大。空氣阻力會讓氣球大
幅減速，但，對於密度高的鐵塊卻幾乎沒有影響。就算是在
真空中擲鉛球，也只會比一般狀況下多個幾公分。

　　重力完全是另一回事。我們在學校裡學到重力在地球表
面是個「常數」，但這其實不完全正確，因為重力會受到兩
個因素的影響。第一種，離地心越遠引力就越小，所以跟空
氣密度的道理一樣，山頂的重力比海平面小。

　　第二種，重力把我們拉向地球中心的同時，我們也正在
受到向外拋的力量。就像操場上的旋轉遊樂器材一樣，地球
也在旋轉，如果沒有重力，我們就會被拋到太空中。旋轉得

越快受力就越大。在靠近北極的地方，繞地軸旋轉的速度接近於零；在赤道，速度大約是每小時1,000英里。

　　這兩個因素：高度造成的重力降低，以及離心力造成的重力降低——表示赤道（如墨西哥首都墨西哥城）的重力明顯低於北極附近（如芬蘭首都赫爾辛基）的海平面。重力加速度（通常用「g」表示）在墨西哥城約為9.77 m/s²，而在赫爾辛基為9.83 m/s²。數字確實有所不同，差距還不到1%。

　　這對鉛球擲出的距離有什麼影響？

　　牛頓物理學有一條關於拋擲距離的公式。我本來打算在這邊解釋，但我的編輯警告我，這可能讓本書銷量下降20%左右。所以我把全部內容都放在附錄（第202頁），並簡化為：

$$拋擲距離 = \frac{k}{\sqrt{g}} \quad (k 為常數，g 為重力加速度)$$

　　好吧，我知道這看起來也沒那麼「簡單」。總之意思是，隨著g值減少，鉛球拋擲的距離會增加（與1除以g的平方根成正比）。

　　拋擲鉛球一般能擲出約20公尺。如果我們把重力降低1%，射程就會增加約1/2%，即10公分。在緊湊的世界紀錄之爭中，這個數字可不容小覷。

▌外星人怎麼還沒占領地球？

　　恩里科．費米之所以聞名於世，除了他有些方法能解決估算問題，也因為他做了一項特殊的計算。

　　第二次世界大戰結束後不久，費米有次跟其他科學家會面，話題轉到了外星生物。隨著話題進展，費米突然問了一個問題：「那麼，大家都去哪了？」他的意思是，銀河系中有數十億顆恆星，其中一定至少有一顆行星已經發展出高級生命體。這樣說來，我們為什麼還沒有被外星人入侵呢？

　　他的問題後來被稱為「費米悖論」。

　　幾年後，天體物理學家法蘭克．德雷克（Frank Drake）提出了一條方程式，用來表示銀河系在任何時刻下存在的高智慧、有交流能力的文明的數量（N）。他的方程式如下：

$$N = R^* \times n_p \times f_L \times f_i \times f_c \times L$$

解釋如下：

R*：每年形成的恆星的平均數量

n_p：每顆恆星的平均行星數

f_L：孕育生命的行星的比例

f_i：有生命體的行星中，發展出**智慧生命**的比例

f_c：發展出通訊技術的文明的比例

L：交流中的文明存續的年數

雖然看起來很複雜，但這其實只是用數學來表達的常識。困難的部分——且要用來估算的重點在於，給每個參數一個值。

例如，在任何一顆恆星周圍形成的行星中，有多少比例可以孕育出生命？就算只是要試算出一個合理數字，也必須對於能孕育生命必要的化學物質和物理環境有一定理解。

各領域的科學家都試著找出每一個參數的合理數字。

光是每年平均形成的恆星數量，大家的猜測從1到10不等。據估計，每顆恆星中可以孕育生命的行星數量介於0.2到2.5，其中形成智慧生命的比例在1%到10%之間，而發展出通訊技術的可能性介於1%到100%。當這些文明交流時，科學家各自估計出文明將持續1,000到10億年（有位科學家提出精確的304年，精確得令人起疑）。

我們取每個參數的中間值，可以得到：

$$3 \times 1 \times 5\% \times 25\% \times 30\% \times 1000 \approx 10$$

所以，這表示可能有10個可以交流、而且可以被偵測

到的文明。

　　但這個數字，對於代入方程式中的參數的敏感度很高。在任何時刻下能跟銀河系交流的文明數量的估計值，可能會落在 1×10^{-10}（實際上是零）和 1,500 萬之間。以一個快速估算的問題來說，這八成是史上最廣泛的答案了，讓第一章那個新型庫賈氏病的案例的精確程度提升到了奈米等級。

　　德雷克方程式是一個有趣的腦力練習，也是一個很好的休止符，因為這條方程式顯示出，我們對於估算的嘗試有時不過是緣木求魚。

結語

如果有一天，
人類只依賴機器……

倒數計時難題

　　結束之前，讓我們先暫時離開估算，回到精確算術的世界。

　　在1997年英國第四頻道的一個經典的文字與數字遊戲節目《倒數計時》上，[1] 主持人卡蘿・福德曼（Carol Vorderman）從面前的桌面上選出了以下6個數字（有四個在第一排，兩個在第三排）：

1　譯者注：Countdown，英國著名益智節目，至今（2023年）已拍攝八千多集，並且持續更新。

隨機亂數產生器的目標是952。規則都是一樣的，這個挑戰是讓參賽者使用卡片上的一些或全部數字（但不能使用超過一次），然後盡可能接近目標952。

你可能馬上想大顯身手，看看自己可以多靠近目標。

為了接近目標答案，玩玩數字遊戲很有幫助。但奇怪的是，雖然這項任務是關於「精確」的計算，粗略估算卻也可以成為很方便的起點：「952……即9×100加上零頭……或是1,000減去大概50。」

如果你能得出950（離目標差2），就給自己一枚銅牌。這是大多數人得出950的方式：

$$100 \times (3 + 6) + 50 = 950$$

如果你能把差距控制在1以內（953），那就給自己一枚銀牌吧。要得到個位數3，你必須發現：

$$75 \div 25 = 3$$
$$950 + 3 = 953$$

這通常就可以讓你贏得一輪比賽了，但在這個節目上，

你可能會輸給另一位選手詹姆士・馬丁（James Martin），他是個數學系博士生，成功得到了目標答案952。

　　以下是他與卡蘿・福德曼對談的節錄，他解釋自己如何得到這個答案：

> 詹姆士：100 ＋ 6 ＝ 106 乘以 3⋯⋯
>
> 卡　蘿：⋯⋯這樣是 318。
>
> 詹姆士：我要再乘以 75⋯⋯
>
> 詹姆士：318 乘以 75？（笑聲）天哪，我得用計算器算一下。〔最後她計算了一下，得到了 23,850〕
>
> 詹姆士：現在減掉 50。
>
> 卡　蘿：〔大笑〕23,800。
>
> 詹姆士：然後除以 25。
>
> 卡　蘿：你說，然後除以 25？⋯⋯（她寫下除數時幾乎無法控制她的興奮）你知道嗎──我覺得你對了。這真的太難相信了！

　　有許多算術專家可以在腦中完成以上所有的計算──甚至更難的也可以。但詹姆士・馬丁並不是專家，他只是善於操縱數字。

　　馬丁發現 106 × 9 ＝ 954，距離目標差 2。

　　他沒有9，但他可以用3乘以兩次得到一樣的數字：先乘以卡片上的3，然後乘以75÷25的3。但954還差2，他要怎麼得到這個2呢？詹姆士發現50÷25＝2，所以如果同時除75和50，就可以用兩次25。

　　他的解決方法如下：

$$\frac{((100 + 6) \times 3 \times 75) - 50}{25}$$

　　這可能會讓人覺得他只是計算了318×75（正如你按計算機的步驟），但在進行這項乘法之前，他是先用75除以25得出3，用50除以25得出2。這樣一來，算式就變成了：

$$(106 \times 9) - 2$$

　　這很聰明。但還不到天才的程度。

　　回到記錄下這個答案的1997年，就算是擁有電腦的人也不太可能擊敗詹姆士。但在今天，有一些APP可以馬上解決這種倒數計時節目中的問題。應該不用多久時間，參賽者就可以戴上一副眼鏡，自動識別前方的數字，並在倒數計時之前就顯示出解決方案。

　　這引出了另一個有趣的**倒數計時**難題。

　　我們離這樣的世界不遠了：所有人都會有人工智慧裝備，可以在瞬間解決這類數字難題。當運算技術變得唾手可得，人類不但不需要計算機，甚至還可能會質疑為什麼要學數學。如果機器人可以解決所有問題，那麼《倒數計時》這種益智節目還會繼續存在嗎？

　　當然，有些人會嘲笑「浪費時間」去解決數字謎題的人，因為要得到答案很容易。正如在除法可以用計算機來算之後，很多人就開始嘲笑用紙筆做短除法的人。

　　但我推測，人們在未來 50 年內（就算電腦可以馬上解決大多數數字問題）依然會非常喜歡在腦袋裡玩數字遊戲。這不只是為了一點點電視娛樂。我們需要繼續進行粗略的計算，而不靠計算機或其他人工設備的幫助。

　　為什麼？

　　因為人類對於呈現在眼前的資訊，總是需要做好挑戰的充分準備，不管資訊是來自於人或電腦都一樣。如果我們把每一個計算和決定都交給電腦，就有成為科技奴隸的風險。

　　除了本書所介紹的實際好處外，學會快速估算還有一個同樣重要的好處：持續刺激大腦，並給腦袋一些寶貴的鍛鍊。有些人深入研究，純粹只因為這是種樂趣。

附錄

有效數字

　　將數字四捨五入到一位、兩位或三位有效數字的概念，是本書中反覆出現的主題。關於如何取有效數字，以下是個提示。

　　讓我們以阿爾卑斯山的馬特洪峰（Matterhorn）為例，大多數資料顯示，它的高度是 4,478 公尺。測量員的讀數很可能會是公分級的高度，但由於山脈的高度總是在變化，他們合理地將馬特洪峰的高度四捨五入到公尺級的四位數。所以這個統計數字，包含了四位有效數字。

　　要把數字四捨五入到一位、兩位或三位有效數字，那就去掉最後的一位數字，並用零取代——只有個條件：如果去掉的數字大於等於 5，那麼前一位數字就必須加一。

　　這是四捨五入馬特洪峰高度時所進行的動作：

四捨五入到……	
三個有效數字	4480（注意 7 四捨五入到 8）
兩個有效數字	4500（第二位 4 四捨五入到 5）
一個重要數字	4000（注意 4478 要向下四捨五入）

　　數字的第一位有效數字，是它的第一個非零數字。例如，0.0063 的第一個有效數字就是 6。有效數字有可能為零，包括數字的最後一位也可以。例如，有個運動員跑 100公尺花了 10.28 秒，那麼三位有效數字就是 10.3 秒，兩位就是 10 秒。

72 法則從何而來

　　「72 法則」的由來，是基於計算以固定的速度增長的數字，需要經過多久（例如：年）才能翻倍。你要對自然對數有點概念，才能理解這個推導。

　　我們假設年利率為 R。要找的是起始資金 A 翻倍所需的

年數N，簡單來說，N年後的資金將會變成2A：

$$A \times (1 + R)^N = 2A$$

兩邊消去A：

$$(1 + R)^N = 2$$

對兩邊取對數：

$$N.ln\,(1 + R) = ln\,2 = 0.69\,(= 69\%)$$

這裡就產生了一個數學家熟悉的經驗法則，如果R值小，那麼$ln(1 + R) \approx R$（如果$R < 10\%$，誤差會在5％以內）。換句話說：

$$N \times R = 0.69$$
$$N = 69\% \div R$$

也因此，其實原本應該是69法則。但69被調整成72，原因是72可以整除許多標準利率，像是1％、2％、3％、

4%、6%、8% 等等。

超級大富翁之二

答案是北極海。我朋友約翰估算出大西洋約是 3,000 萬
平方英里,他用的計算方法跟第 216 頁的方法差不多。這個
答案比原本問題裡的 470 萬平方英里還要大了 10 倍。印度洋
和大西洋差不多大,太平洋則更大。無疑地,大多數觀眾投
票給太平洋的原因,只是因為 470 萬這個數字非常大,而他
們知道太平洋很大。不過,「很大」跟「超級超級大」是完
全不同的一回事。

鉛球的射程

鉛球的拋擲距離可以用以下這個複雜的公式計算:

$$R = \frac{v^2}{2g}\left(1 + \sqrt{1 + \frac{2gy_0}{v^2 \sin^2\theta}}\right)\sin 2\theta$$

其中:

R：鉛球的射程

υ：鉛球拋擲時的速度

g：重力加速度

θ：鉛球拋擲時相對於水平線的角度

y_0：鉛球離地面的高度

假設重力是唯一的變因,那麼拋擲增加的距離應該會像我在第 188 頁寫的。實際上,如果重力比較低,拋擲的時候就可以提高速度(因為不那麼重,所以你應該可以推得更快)。這樣一來,拋擲的距離就會**增加**,所以我認為在墨西哥城擲鉛球可能更有優勢。

數到一百萬要多久?

在英文中,「3」、「7」和「8」是個位數之中最長的單字,「70」則是最長的十位數,所以推文不要超過 280 字元的限制,字元的最小數字很大程度取決於 7 與 3。例如 373,373,373,373,373,373 這個數字會使用 254 個英文字。[1]

1　譯者注:原文為「three hundred seventy-three quintillion three hundred seventy-three quadrillion three hundred seventy-three trillion three hundred seventy-three billion three hundred seventy-three million three hundred seventy-three thousand

我們還剩下 26 個字元。在這個數字的前面，我們放上 sextillion（10^{21}，含空格的話是 11 個字元）。然後前面再加上一百零一（one hundred one sextillion）就會超過 26 字元（含空格）——這是超過字數限制的最小數字。所以，當伯爵數到 101,373,373,373,373,373,373，他就沒辦法繼續了。

　　哎呀！

---

three hundred seventy-three!」。

答案和提示

信封背面與計算機（第13頁）

（a）17 ＋ 8 ＝ 25。在我的調查中，絕大多數成年人和青少年都可以用心算來得出答案，但就算是如此簡單的加法，大家也會用各種方法來處理。三種常見的方法是：

- 7 ＋ 8 ＝ 15，再加 10 得 25。
- 8 可以劃分為 3 ＋ 5；然後先用 17 ＋ 3 ＝ 20；再加 5 得出 25（這樣分割數字在小學稱作「分解」）。
- 8 比 10 小 2……17 ＋ 10 ＝ 27，然後減去 2 等於 25。

（b）62－13 ＝ 49。幾乎每個人都用了兩個步驟。心算的人要不是「拿走 62 減 10 ＝ 52，再減掉 3 ＝ 49」，就是「減 3 之後是 59，再減 10 ＝ 49」。至於用手寫算式的那些人，通常會從右邊開始：從 2 開始減 3……那要先借個 10……諸如此類。

（c）2020－1998 ＝ 22。這是一個很常見的減法，2020－
1998這個算式需要小心轉換十位和百位。不過，如果這個
問題是：「愛咪在1998年出生，到2020年她幾歲了？」這
樣一來，大多數人都會用加法來處理這個問題，而不會使用
減法。「從1998年到2000年的2年，加上2020年的20年，
等於22年」。

（d）9×4 ＝ 36。常計算的人會記得九九乘法表，不假
思索地背出「四九得三六」。但有些人對乘法表不太熟，觀
察他們的計算很有趣。最快的方法是先算10×4（ ＝ 40），
然後減去4。

（e）8×7 ＝ 56。除了馬上憑記憶說出答案，成年人和
我分享的方法包括：

• 7×7 ＝ 49，然後加7 ＝ 56
• 2×7 ＝ 14，翻倍 ＝ 28，再翻倍 ＝ 56
• 5×7 ＝ 35，加7、加7再加7 ＝ 56

（f）40×30 ＝ 1,200。如果是4×3，大家一般都知道怎

麼算，也可以很快算出來答案＝ 12。但如果改為40×30，
那麼這些零會讓計算變得困難一些。一種常見的方法是分兩
個步驟來完成：將其中一個數字減少至個位數（例如40×3
＝ 120），再乘以10得到40×30 ＝ 1200。然而，也有其他人
會亂猜。像是12,000這種答案並不少見。（參見第60頁。）

（g）3.2×5 ＝ 16。在這個測驗中，這是第一個幾乎所有
人都用手寫計算的問題。最常見的是：5×3 ＝ 15；5×0.2
＝ 1；15 ＋ 1 ＝ 16。你可以在第49頁找到一些乘以5的捷徑。

（h）120÷4 ＝ 30。要將某數除以4，第一種方法是將數
字減半，然後再減半（120÷2 ＝ 60，60÷2 ＝ 30）。另一種
則是心算短除法：「12除以4得3，所以答案是30」。

（i）75%就是四分之三（three-quarters）。75%是一個
常用的數量，很多人都很熟悉，不需要思考就知道是3/4。
有些人會用25%（quarter）乘以3來算。

（j）94的10% ＝ 9.4。成年人最常用的方法是把小數點
左移一位，這樣百位就變成十位，而十位變成個位，以此類
推。

算術家與數學家（44頁）

（a）2.77英鎊的零錢。這類問題通常被視為減法，但在酒吧工作的人通常會把它當作加法：從7.23英鎊開始，先用7便士加到7.30英鎊，然後再加70便士得到8英鎊，最後加2英鎊就是10英鎊。

（b）甘地去世時78歲。如果用減法（1948年減去1869年）來計算，你可能在計算甘地出生和死亡的月份，就已經先搞混了。跟題目a中的變化一樣，如果把題目當作加法，會更好理解：從1869年到1900年是31年，再加上1900年之後的48年。31＋48＝79。不過，甘地在他10月生日之前就去世了，所以他去世時還是78歲。

（c）56,000便士或560英鎊。這種題目最常見的錯誤是0的數量。你可以在第61頁找到關於零和小數點的一些訣竅。

（d）她的新薪水是28,840英鎊。有一份針對成年人的調查指出，就算使用計算機，也大概只有約25%（四分之

一）的人可以輕鬆解決關於百分比的問題。

（e）每加侖 32 英里。144 除以 4.5 這個問題的難度超過了大多數人的心算能力。這裡的「訣竅」是讓計算簡化。4.5 這個數字並不簡單，誰都不想去除以它。但如果把 4.5 乘二，就得到 9。這樣一來題目就不是 144÷4.5，而是前後都兩倍，變成 288÷9。有了心算短除法的能力後（見第 50 頁），這就變得很簡單了：用 9 除 28，得 3 餘 1；9 再除以 18 得 2；所以答案等於 32。

（f）28.80 英鎊。

（g）25 的 16% 是 4。大多數會做計算的成年人面對這個問題時，會分成幾個步驟：要算出 16% 的話，先算出 10%，然後算出 5%，再算出 1%。這不錯，很有效。但如果你知道「25 的 16%」跟「16 的 25%」完全一樣，這個問題就會變得很簡單。

（h）54%。這一題，應該幾乎每個人都會自動拿起計算機。答案到底是怎麼算出來的？有些人不得不心算，結果發現 38÷70 的答案很接近 40÷70，也就是七分之四。如果

知道大約是14%（很多人知道），那麼就是四倍，也就是約56%。但必須把這個數字調低一點——夠聰明的話，就會發現答案就在54%和55%之間，但到底是哪一個？心算短除法（見第50頁）幾秒鐘就可以給你答案：54.3%，四捨五入到整數百分比的話就是54%。

（i）6,102。如果你想用直式乘法（長乘法）計算678×9，你可能真的會手忙腳亂，因為你要心算出一堆數字。捷徑（只要是乘以9都可以用）就是先乘以10。678×10 ＝ 6,780。然後再減去678。答案是6,102。

（j）900。精確算出810,005的平方根很困難——尤其是個位數的「5」非常令人痛苦。不過，810,000的平方根要簡單得多。9的平方等於81，900的平方等於810,000。關於求平方根的簡單方法請看第96頁。

乘法和乘法技巧（第49頁）

以下是一些你能算出答案的方法：
（a）3×20 ＝ 60，加上3×6 ＝ 18，得到答案78。或者

將 26 乘二（＝ 52），然後加上 26（＝ 78）。

（b）35×10 ＝ 350，再減去 35 得 315。

（c）乘以 4 等於乘以二做兩次：171×2 ＝ 342，342×2 ＝ 684。

（d）乘以 5 等於除以 2 再乘以 10，故 462÷2 ＝ 231，乘以 10 ＝ 2310。

（e）除以 5 等於乘以 2 再除以 10：1,414×2 ＝ 2,828，除以 10 得到 282.8。

當分數相乘（第 55 頁）

（a）$\frac{1}{3} \times \frac{1}{2} = \frac{1}{6}$。

（b）$\frac{2}{5} \times \frac{1}{4} = \frac{2}{20} = \frac{1}{10}$。

（c）$\frac{3}{4} \times \frac{1}{5} \times \frac{2}{3} = \frac{6}{60} = \frac{1}{10}$。（你可以消去上面和下面的 3，將計算簡化成 $\frac{1}{4} \times \frac{1}{5} \times 2 = \frac{2}{20}$）

（d）$\frac{6}{7} \times \frac{14}{23} = 6 \times \frac{2}{23} = \frac{12}{23}$，略高於二分之一。

（e）要算出 $\frac{51}{52} \times \frac{50}{51}$，把兩個 51 消掉，得到 $\frac{50}{52}$（約為 96%）。這個計算在現實世界中的應用如下：黑桃 A 在整副 52 張牌中不是最上面或第二張牌的機率是 $\frac{51}{52} \times \frac{50}{51}$，也就是 $\frac{50}{52}$。

百分比（第58頁）

（a）21英鎊。28英鎊的25%是7英鎊。

（b）12。80的10%是8，加上5%（4）＝ 12。

（c）7。要記得，50的14%等於14的50%。

（d）約70%。49÷68近似於49÷70，4.9÷7 = 0.7。

（e）44%。用短除法，2.66÷6 = 0.44……算到這裡就可以停了。

（f）新工資27,100英鎊。簡單來說，25的8.4%等於8.4的25% = 2.1。所以凱特的工資的成長幅度是2.1×1000 = 2,100英鎊。（你用估算也能得到不錯的答案。因為8.4%大約是10%，所以加薪幅度會比2,500英鎊還要低。）

乘法（第61頁）

（a）36,000（4×9 = 36，加上三個零）。

（b）四個零，所以210000 = 210,000。

（c）88後面加六個零，所以是8,800萬。

（d）50×50,000 = 25，之後加五個零，即2,500,000，這是他們目標的十分之一。（順帶一提，這個題目是真實故事。）

除法（第63頁）

（a）$100 \div 2 = 50$。

（b）$630 \div 9 = 70$。

（c）2,000,000（200萬）。

（d）相當於$220 \times 0.3 = 22 \times 3 = 66$。

（e）相當於$50 \div 1 = 50$。

使用「科學記號」來表示大數（第65頁）

（a）40,000,000（4000萬）。

（b）1.27×10^3。

（c）$6 \times 10^9 = 6,000,000,000$。

（d）2.4×10^{11}。

（e）0.5×10^5，或正確寫法是5×10^4。

（f）3.5×10^7（即3,500萬）。

有利估算的事實（第68頁）

（a）略少於12,000英里。紐西蘭跟英國的距離還不到半個地球。

（b）約3,500英里。大約是繞地球四分之一圈。或者，如果你從英國飛到紐約過，你會知道飛行時間需要六到七個小時。飛機的速度略低於每小時600英里。所以距離是600×6＝3,600英里左右。

（c）約900萬人。墨西哥城是世界上最大的城市之一。倫敦也是如此。墨西哥城的人口是接近一千萬，而不是一百萬。

（d）200英尺或60公尺（但兩者有些微落差）。如果我們假設每層樓10英尺（3公尺），就可以合理估計20層樓是200英尺（60公尺）。

（e）差不多3小時？以每小時4英里的速度步行需要2小時。不過這可是連續幾小時，很少有人能保持這種速度走很長的距離。所以算3個小時吧。

（f）約500萬人。小學生的年紀介於4歲到11歲（包含學前班〔Reception〕共7個年級）。下面這張圖，很粗略地顯示出經濟較發達國家的人口分布。從0歲到70歲的所有年齡組都很均勻，之後逐漸減少。

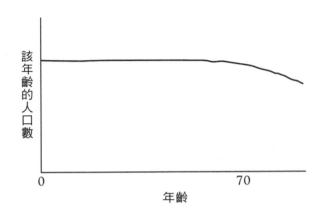

如果我們將圖像進一步簡化，並假設人口平均分布在0到80歲之間，那麼在英國大致會有：

7,000萬人 ÷ 80年

～每個年齡組有90萬人。

這表示大約有7×90萬＝ 630萬小學生——如果四捨五入到600萬那就更好了（官方數字約為500萬）。

（g）約250,000人。在上一個問題中，我們估計每個年齡組大約有900,000人。我們先假設30歲會是所有人結婚的年齡。假設有一半的人會在人生某一個階段結婚，那結婚的人會有450,000人，既然結婚需要兩個人，那就表示有

225,000（相當於200,000）場婚禮。當然，有些人16歲就結婚，有些人60歲才結婚，但如果人們只會結一次婚，那就不會影響答案。事實上，有些人一生會有不只一場婚禮，但這畢竟是少數。假設平均每人不會超過1.2場婚禮，這表示每年約有250,000場婚禮。（這與官方統計數據相差不遠，不過婚禮數量正在下降。）

（h）官方數字顯示，大西洋的面積介於3,000萬到4,000萬平方英里之間。大西洋形狀很複雜，所以我們在估計大小時，可以把它想像成一個填補了歐洲／非洲和美洲之間的空隙的長方形，這樣會容易很多。假設這個長方形的寬度為3,500英里（倫敦到紐約的距離，參考前文（a）的答案）。大西洋幾乎橫跨了地球的南北兩端，所以假設它的高度為10,000英里。因此，這塊區域大約是3,500×10,000 = 3,500萬平方英里。

Zequals（第71頁）

（a）83 ≈ 80。

（b）751 ≈ 800。

（c）0.46 ≈ 0.5。

（d）2,947 ≋ 3,000。

（e）1 ≋ 1。

（f）9,477,777 ≋ 9,000,000。

Zequals的實際演練（第73頁）

（a）7.3＋2.8 ≋ 7＋3＝10。

（b）332-142 ≋ 300-100＝200。

（c）6.6×3.3 ≋ 7×3 ≋ 20。

（d）47×1.9 ≋ 50×2＝100。

（e）98÷5.3 ≋ 100÷5＝20。

（f）17.3÷4.1 ≋ 20÷4＝5。

Zequals的誤差（第74頁）

（a）會造成最大高估值的是 15×15＝225；根據 Zequals的規則，計算出來會是 20×20＝400，比正確答案高了78%。

（b）造成最大低估值的是 14.9×14.9＝222.01。根據 Zequals的規則會將算式視為 10×10＝100，這個值低了至少55%。

購物帳單和電子表格（第82頁）

　　加總之後少了190.10英鎊——他漏掉了銷售額一欄最上面的數字。如果從百位數開始加，就可以算出600英鎊⋯⋯這看起來似乎差不多。但如果用Zequals計算，你最後會得到800英鎊，比鮑柏加總的697.36英鎊高出超過100英鎊，這應該會讓你有點懷疑。把所有數字四捨五入到百位數，你也會得到800英鎊。這些線索，會讓你知道可能有些錯誤——而且事實確實如此。

面積和平方根（第99頁）

　　以下的答案取到3位有效數字。你的答案有多接近？

　　（a）5.10。如果你估計是5，給自己加一分。如果你得出5.1——那就得兩分！

　　（b）82.9。把這個數分成68與72兩對數字。68比64大一點，而64是8^2，所以答案會比$8 \times 10 = 80$大一點。如果你估算的答案介於82到84，那就給自己兩分。

　　（c）21.8。小數點會分散注意力。473.86 $\approx$ 500，所以答案會略高於20。如果你估算出22，那就給自己兩分。

（d）30.2。把這個數字看成9和10。這樣會近似於900，所以答案會略高於3×10＝30，即房間大約是邊長30英尺的正方形（或10公尺×10公尺）。

（e）609公里×609公里（大約是400平方英里，因此放入法國境內綽綽有餘）。把數字分成37、10、10三對。37接近36，所以答案會略高於6×10×10＝600。

粗略單位換算（第107頁）

（a）粗略：140公里　　準確：112公里

（b）粗略：80磅　　準確：90磅

（c）粗略：150碼　　準確：163碼

（d）粗略：50英里　　準確：63英里

（e）粗略：華氏80度　　準確：華氏77度

（f）粗略：70公斤　　準確：62公斤

致謝

我寫這本書醞釀了很長一陣子。我幾年前就考慮動筆寫，但直到跟Wendy Jones喝了杯咖啡，我才終於開始行動，我要感謝她在最初的階段給了我很大的幫助。

我要感謝Hugh Hunt和John Haigh，我經常和他們比劃誰的估算比較屬害，他們給了我好幾個例子的靈感。Charlotte Howard、David Howard、Graham Cannings、Chris Healey、Chas Bullock和Andrew Robinson給了我的初稿許多有用的建議，Rose Davidson、Geoff Eastaway、Pete Sanders以及Rachel Reeves也對第二份稿子提出了許多有幫助的建議。感謝Gill Buque和Leonie Nellesen親切地協助我，為這本書的平裝版本提供了重要的修正。

特別感謝我的導師Dennis Sherwood，他幫助我看清大局，並分享他對精確性和統計數據濫用的深刻見解。

我很幸運，能夠在需要的時候獲得一些有價值的專業知識，特別是來自Claire Milne、Aoife Hunt、Jay Nagley和Ian Sweetenham，當然還有Tom Rainbow與Catherine van

Saarloos，他們是我在學校大力推廣核心數學（Core Maths）的好夥伴。

從寫作文法到標題，我的妻子Elaine面對尋求建議的我，總是陪伴在我身邊，展現她的驚人耐心。

謝謝Timandra Harkness提醒我貓的事。

最後，感謝HarperCollins的出版團隊，尤其是Ed Faulkner，如此熱情地注意到了這本書，還有我可愛的編輯Holly Blood，她非常專業地扮演了雙重角色，分別是有建設性的評論家以及給予支持的啦啦隊長。

一起來　0ZTK0042

世界上有多少隻貓？
超速估算出一切事物，讓你看清大局的數字反應力
Maths on the Back of an Envelope: Clever ways to (roughly) calculate anything

作　　　　者	羅勃‧伊斯威 Rob Eastaway
譯　　　　者	郭哲佑
主　　　　編	林子揚
編 輯 協 力	張展瑜

總　編　輯	陳旭華　steve@bookrep.com.tw
出 版 單 位	一起來出版／遠足文化事業股份有限公司
發　　　行	遠足文化事業股份有限公司（讀書共和國出版集團）
	231 新北市新店區民權路 108-2 號 9 樓
	電話｜ 02-2218-1417　傳真｜ 02-86671851
法 律 顧 問	華洋法律事務所　蘇文生律師

選 書 企 劃	林子揚、林杰蓉
封 面 設 計	許晉維
內 頁 排 版	宸遠彩藝工作室
印　　　製	通南彩色印刷有限公司
初 版 一 刷	2023 年 11 月
定　　　價	380 元
I　S　B　N	978-626-7212-27-1（平裝）
	978-626-7212-31-8（EPUB）
	978-626-7212-32-5（PDF）

Originally published in the English language by HarperCollins Publishers Ltd.
under the title Maths on the Back of an Envelope: Clever ways to (roughly) calculate anything
© Rob Eastaway 2019
Translation © Walkers Cultural Enterprise Limited [date of publication of the Licensee's Edition], translated under licence from HarperCollins Publishers Ltd.
Rob Eastaway asserts the moral right to be acknowledged as the author of this work.

國家圖書館出版品預行編目（CIP）資料

世界上有多少隻貓？：超速估算出一切事物，讓你看清大局的數字反應力／羅勃．伊斯威 (Rob Eastaway) 著；郭哲佑譯 . ~ 初版 . ~ 新北市：一起來出版，遠足文化事業股份有限公司 , 2023.11
　　面；公分 . ~（一起來思；42）
譯自：Maths on the back of an envelope : clever ways to (roughly) calculate anything

ISBN 978-626-7212-27-1（平裝）

1. CST: 數學

112013641